U0370366

サイエンス夜話　不思議な科学の世界を語り明かす
竹内　薫　原田章夫　ソフトバンク クリエイティブ株式会社　2007

著 者 简 介

竹内薰

　　1960 年生于日本东京。东京大学教养学部教养专业、理学部物理专业毕业。科普作家。不仅著作颇丰，而且积极投身于科学讲座与演讲活动。主要著作有《99.9% 都是假设》（光文社）、《假说力》（日本实业出版社）、《拯救大脑的数学练习册》（筑摩书房）等。

原田章夫

　　1946 年生于日本神奈川县。日本大学艺术学院文艺专业毕业。广告文案人员。常年在广告公司的策划及调查部门工作，从广告制作到市场调查都有广泛涉猎，现就职于（株）Data　Success。与竹内薫合著有《宫泽贤治·星座的故事》（河出书房）、《宫泽贤治·时空的旅行者》（日经科学社）。

Kunimedia 株式会社　　　　　　　　　　　櫻井敦子

内文设计、艺术指导。　　　　　　　　　　封面及内文插图绘制。

译 者 简 介

温小琼

　　工学博士。毕业于日本国立广岛大学研究生院工学研究院量子能量工程专业，现为大连理工大学物理与光电工程学院副教授，从事低温等离子体物理、核辐射物理研究。

科学夜话五日谈

学物理就这么简单

〔日〕竹内 薫　原田章夫／著

温小琼／译

科学出版社

北京

图字：01-2013-1066 号

内 容 简 介

物理是非常有趣的！但同时有些理论却很难理解，令人困惑。不用担心，学物理还是很简单的。物理不仅是理性冰冷的，也是感性幽默的。书中一位文科男和理科男在酒馆煮酒聊科学，五个夜晚用最简单的方式将最真实的物理呈现出来。其中，有些知识是你了解不深入的，有些是你不知道的，有些是你一直认为正确但其实是错的。本书是一本最简单物理入门书！

本书适合对物理感兴趣的广大读者。

图书在版编目（CIP）数据

科学夜话五日谈——学物理就这么简单 /（日）竹内 薰，（日）原田章夫著；温小琼译.—北京：科学出版社，2013.6
（"形形色色的科学"趣味科普丛书）
ISBN　978-7-03-037600-8

Ⅰ.科… Ⅱ.①竹…②原…③温… Ⅲ.物理学 – 普及读物
Ⅳ.① O4-49

中国版本图书馆 CIP 数据核字（2013）第 114408 号

责任编辑：石　磊　唐　璐　赵丽艳
责任制作：刘素霞　魏　谨
责任印制：徐晓晨/ 封面制作：铭轩堂
北京东方科龙图文有限公司 制作
http://www.okbook.com.cn

科学出版社 出版
北京东黄城根北街 16 号
邮政编码：100717
http://www.sciencep.com

北京虎彩文化传播有限公司 印刷
科学出版社发行 各地新华书店经销
*
2013 年 6 月第 一 版　　开本：A5（890×1240）
2018 年 3 月第三次印刷　　印张：7 3/4
字数：145 000
定　价：45.00元
（如有印装质量问题，我社负责调换）

感悟科学，畅享生活

如果你一直在关注着"形形色色的科学"趣味科普丛书，那么想必你对《学数学，就这么简单！》、《1、2、3！三步搞定物理力学》、《看得见的相对论》等理科系列的图书和透镜、金属、薄膜、流体力学、电子电路、算法等工科系列的图书一定不陌生！

"形形色色的科学"趣味科普丛书自上市以来，因其生动的形式、丰富的色彩、科学有趣的内容受到了许许多多读者的关注和喜爱。现在"形形色色的科学"大家庭除了"理科"和"工科"的18名成员以外，又将加入许多新成员，它们都来自于一个新奇有趣的地方——"生活科学馆"。

"生活科学馆"中的新成员，像其他成员一样色彩丰富、形象生动，更重要的是，它们都来自于我们的日常生活，有些更是我们生活中不可缺少的一部分。从无处不在的螺丝钉、塑料、纤维，到茶余饭后谈起的瘦身、记忆力，再到给我们带来困扰的疼痛和癌症……"形形色色的科学"趣味科普丛书把我们身边关于生活的一切科学知识，活灵活现、生动有趣地展示给你，让你在畅快阅读中收获这些鲜活的科学知识！

科学让生活丰富多彩，生活让科学无处不在。让我们一起走进这座美妙的"生活科学馆"，感悟科学、畅享生活吧！

前　言

　　大约是在20年前，日本的一家企业着手在美国夏威夷州的夏威夷岛开发高尔夫球场，邀请我帮他们策划宣传广告。虽说这个高尔夫球场开发项目最终没有做成，但是我作为广告作家参与这个项目时，当年开着租借车驰骋在广袤的夏威夷岛收集各种资料的情景依然历历在目。

　　在车比较多的街道上，开车时对左方向盘、右侧通行并没有什么特别异样的感觉，但是到了车较少的郊外，不知不觉地就会把车开到马路左边。至今依然记得我不止一次差一点就和从岔道拐上来的车发生对面相撞事故。（日本交通是右方向盘、左侧行驶。——译者注）

　　那次收集资料之旅，我特别用心地搜集夏威夷岛的商业卖点。就是在那次旅途上，我知道了能够追寻宇宙137亿年历史的日本天文望远镜"昴"（SUBARU）。——这本书里将会涉及宇宙137亿年历史的话题——当时望远镜"昴"正处在计划阶段，还没有安装到莫纳克亚（MaunaKea）山顶，人们正热切地关注那面直径超过8米且没有一点变形的透镜是如何打磨出来的。

我访问了夏威夷的很多地方，统一夏威夷的卡美哈美哈王（Kamehameha）的诞生地、古老的日本街镇、基拉韦厄火山（Kilauea）等。登上位于莫纳克亚山上的夏威夷大学天文台的时候，那种强烈刺骨的寒冷我至今记忆犹新。旅行包里的换洗衣服都是短袖衬衫，我着急忙慌地赶到日本街镇郊外的购物中心买了件厚外套。导游开的车，一路到山顶似乎没有什么感觉，可是到了山顶一下车，好家伙，气温是零下1℃。设置望远镜的那个房间更冷，大约零下10℃。我当时很庆幸我没有从事天文观测的职业。在后来的交谈当中，我知道了望远镜室的温度低，是为了防止昼夜温差导致透镜变形，所以特地把温度调整到和当日夜间室外温度一致。从事观测的天文学家们则是坐在温暖的计算机机房里进行各种各样的操作，所以他们不会觉得冷。

闲话就说到这里吧。

这本书的策划，大部分是外甥竹内薰的主意，我只不过是把文科出身的人的疑问生硬地塞进他的话题里面。对于我的这些直率生硬的疑问，他都做了简洁明了的回答。所以我觉得这本书整体上很流畅，包含了许多我以前不知道的东西，是一本不错的科普读物。不过，也许是我好奇的事情太多，书中有很多地方似乎还是有点隔靴搔痒的感觉。

　　高中二年级就和理科诀别专心学习文科的人，对理科特别是物理学的东西几乎没有什么感觉。但是，并不是说没有一点兴趣。学文科的人对牛顿、爱因斯坦还是很感兴趣的。觉得某个东西挺有意思，这种感觉应该没有什么文、理之分吧。不过，在我接触的范围内，学校里没有哪位老师能够通俗易懂地让我们明白这些有趣的东西。这次，我幸运地有了这样一位老师，让我这样学文科出身的人没有一点拘束、愉快地进入到了关于科学的交谈当中。

　　和外甥竹内薰聊天总是有这样的感觉：非常轻松，没有一点和加拿大麦吉尔（MacGill）大学研究生院毕业的博士聊天的那种辛苦。我上大学的时候经常带着竹内和他的妹妹去江岛的游泳池游泳。我们就像当年一样天真无邪地交谈着：你怎么就学不会潜水游泳呢？害怕被淹死自然就会潜水游的嘛……哈哈，蝶泳啊，不用腿也是可以的嘛。有的游泳运动员就是那样腿保持自由泳的姿势上半身却游蝶泳的啊。在读这本书的时候，如果您能感受到一点这样毫无掩饰、自然而然的氛围，我将感到莫大的荣幸。

原田章夫

科学夜话五日谈——学物理就这么简单

你知道吗？核聚变电站与核裂变电站不同，不会产生核废料！伽利略并没有在比萨斜塔做实验！

目　录　CONTENTS

CONTENTS

煮酒论科学?!
欢迎来到夜间科学的世界

　　在小酒馆里，两位男士的对话不经意地敲打着我的耳膜。科学的情感、终极理论、宇宙的模样等，尽管诸如此类的话题让我感到一头雾水，但还是被他们的对话吸引住了。

　　了解科学或者说物理学的夜谈，就从这里开始了。

第一夜
煮酒论科学?!
欢迎来到夜间科学的世界

　　我常去的那家小酒馆位于横滨市元町的一个胡同里。酒的种类很多，菜也很好吃。尽管周末客人很多，让我感到荣幸的是酒馆老板总会在吧台的角落里给我这个常客预留一个空位。周五晚上下班回家的路上，到这家小酒馆坐上一会是我难得的轻松时刻。

　　今天和往常一样的时间推开了店门。店老板先轻轻地摇手和我打了个招呼，然后双手合十放到眼前，目光却指向吧台的角落。我不明白老板的意思，但是顺着老板的目光看了看吧台的角落，却看见在我平时坐的那个"专用座位"上已经坐了人。两位男客人中的其中一位上了点年纪，另一位虽说蓄着胡子但还是稍显年轻，大概就是个四十五六岁的样子。其他的位置都坐满了客人，只有这两位男子的旁边有空位。

　　没关系，没关系，我向店老板轻轻地摇手，坐到了那两位男客旁边的空位上。

　　"对不起了！"

　　老板一边说，一边把今天的免费小菜放到我面前。今天的小菜是凉拌蚬子，一如既往，这家的菜总是做得很用心。我点好了一壶十四代（一种清酒）和几样菜，然后吃起了面前的小菜。这时，莫名奇妙的对话窜进我的耳朵。

① 科学有"白天科学"和"夜间科学"之分

"和学理工科的人不一样啊，学文科的人往往是从情感出发的。"

"很意外，我觉得学理工科的人也一样啊。比如，江崎玲於奈就曾经说过'科学家当然要在敏锐理性的基础上进行科学研究，但是有的时候也依靠直觉和灵感在黑暗中不断摸索、奋斗和犯错，偶然幸运地找到了在黑暗中绽放光彩的答案，禁不住为之欢天喜地。'村上和雄也曾经把科学的与情感有关的一面称为'夜间科学'。这两种说法正好指出了科学中涉及人的情感的一面，对吧。说起江崎玲於奈先生，那可是1973年诺贝尔物理学奖得主，村上和雄先生，那可是揭开了作为高血压诱因之一的肾上腺素结构的大生物学家。"

"你是说这些超一流的科学家们也强调科学中情感的重要性？"

——科学中的情感？什么意思呀？要说科学，不都是些逻辑性超强、晦涩难懂的玩意儿吗？好像跟情感什么的不搭界呀……

"科学白天的一面是冷冰冰的、富有逻辑性的和理性的，但是科学夜间的一面却是激情洋溢的直觉世界哦。"

"可是，说到科学中的情感，还真让人丈二和尚——摸不着头脑啊。"

"学文科的人可能觉得科学是冷冰冰的东西，我觉得那是因为没有看到它富有情感的一面。"

"冷冰冰？好像不是这感觉。"

"或者说，是挺难的那种感觉？"

"嗯——似乎没有什么实实在在的感觉，不对吗？你说的那东西好像不太可能吧……哦，对了，你说科学中的情感这个东西，是不是有点像某种美学一类的东西。"

"美学？"

——科学中的美学？说什么呢，这个男的？

"就是类似于民俗学的学问构成方法。也就是说，把传承下来的各种各样的东西和零零散散的史料，用自己的审美观组合到一块儿。"

"是这种感觉啊。"

"类似于把零碎的史料耐心仔细地串连起来，展现出一个民族的来龙去脉那样。科学和这有点相似之处，不是吗？科学不总是那样吗，虽然说各个学科分支各自向前发展，但是人们总希望从理论上把所有的各个学科分支的东西都完美地统一归纳起来，不是吗？"

——看这俩男的，都说些什么呢？年轻一点的在说一些高深的科学话题，年纪大一点的老是问这问那的。这俩男的到底什么关系呢？在这样的地方高谈阔论如此高深的科学问题……

"我想这个确实有。比方说现在，物理学的最前沿就有统一理论、大统一理论这样的一些理论，还有……"

"等等，你说的统一理论是什么理论呀？"

"就是希望只用一个方程式就可以统一概括和解释世界上所有的现象、作用、力和物质，等等。根据归纳的范围来说，有统一理论、大统一理论，要是再往更大范围说，还有终极理论……"

所谓统一理论

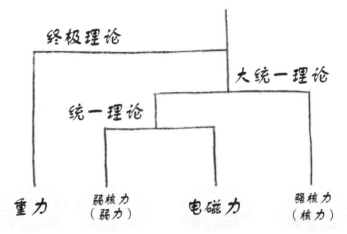

宇宙中的四种作用力

"什么呀，都是些什么嘛！？理论的名称那玩意儿叫什么不都一个样吗？"

"物理学家都知道，宇宙中存在四种力，我们最了解的是重力，然后就是电荷和磁铁那样的电磁力。还有一种叫核力……"

"核力是什么力？"

"原子中心有一个叫做原子核的东西。既有把原子核聚集成核的力也有把原子核整散架的力。这样的力就叫做核力。大体上可以分成弱核力和强核力两种。不过虽说是原子核的力，但通常跟我们没什么关系。就是说，物质可不只是由原子核构成

5

的，原子核的周围还有电子在围着转呢。"

"电子在原子核的周围转……，你说的是原子吗？"

"对，原子核和它周围的电子作为一个整体叫做原子。还有，原子和原子结合到一起就成了分子。许许多多的分子结合起来相互拢到一块儿，才能形成我们说的物质，所以原子核的力——核力，这东西我们是看不见的。看不见归看不见，但是物理学家通过各种实验，不断地证明这种叫核力的力是存在的。就这样，我们知道了，总共有那么四种力。"

"强核力和弱核力有啥区别？"

"嗯，原子核是由夸克和胶子，以及比这更小的基本粒子构成的。胶子是'黏糊糊的'粒子的意思，把夸克粒子粘到一块儿去，这种像胶水一样的黏结力就是所谓的强核力。"

"那弱核力是什么力呢？"

"原子核是由好多的质子和中子集合而成的。但是，中子这个东西单独一个拿出来的话，15分钟左右就可以分解成质子、电

原子的构成

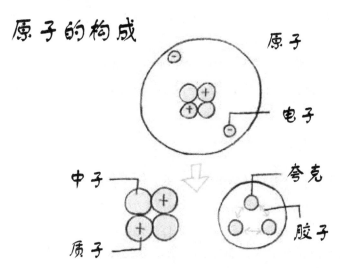

子和中微子。这里面把中子拆散架的力就是所谓的弱核力。"

"喂、喂，一下子冒出这么多什么基本粒子的名称，有点晕啊。差不多就行，你告诉我基本粒子和原子有什么区别？"

——听着这俩男子的对话，我都要晕了！要说原子吧，知道一点。这中子、基本粒子什么的，连名字都是头一回听说。核力为什么还有强弱之分呢？这俩男的在说些什么呀？！

② 构成万象世界的零部件——基本粒子

"抱歉，抱歉！这样吧，我们把普通的物质依次分解开来，按顺序列出名称，行吧？"

"OK！"

"首先，构成物质的是分子。把分子拆散就变成原子。原子嘛，姑且把它看作一个微小的太阳系，在中心有那么一个像太阳一样的原子核，周围有好多电子像地球围绕太阳那样围绕着原子核转悠。"

"姑且看成太阳系？你这么姑且，让我听起来不知道该怎么办啊？"

"实际上，电子可不是真的在围着原子转悠。这个问题目前先放一边吧。"

"好吧，请继续！"

"原子核是由带正电的质子和不带电的中子构成。原子通常是不带电的，因此，原子中的质子数量和电子数量是相同的。"

"电子是带负电的吗？"

"对，质子带正电，电子带负电，电荷数量相同相互抵消变成零了。"

"那，离子什么的又是怎么回事？"

"与质子数量相比，电子的数量少了，总电荷不就变成正的了吗？这就是所谓的正离子。反过来，如果电子的数量多了，总电荷就变成负的了，这个就叫做负离子。"

"原来是这样啊！"

"回到正题吧。电子这个玩意儿，它就是囫囵个儿，没法再拆了，所以我们把电子叫做基本粒子。构成原子核的质子和中子可以分解成3个夸克粒子。夸克粒子也是基本粒子。"

所谓基本粒子

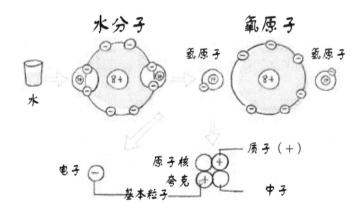

"就这些？"

"大概就这么多。"

8

——年轻的那位男子一边说着一边坏笑。有什么好笑的呢？我可是一点也搞不懂。电子是转悠、还是不转悠？到底是怎么回事吗？是在讲工科的事情吗？

"你就不能痛痛快快地给我讲明白吗？"

"抱歉，这有一张一览表，麻烦你自己看吧。所有的物质都是由电子的伙伴、中微子的伙伴和夸克粒子的伙伴构成的。这些基本粒子之间的相互作用力包括重力、电磁力、强核力和弱核力这四种力。"

基本粒子一览表

名称	符号	电荷
规范粒子		
光子	γ	0
W粒子	W	$\pm e$
Z粒子	Z	0
重力子		0
胶子	g	0
轻子		
电子中微子	ν_e	0
μ中微子	ν_μ	0
τ中微子	ν_τ	0
电子	e^-	$-e$
μ介子	μ^-	$-e$
τ介子	τ^-	$-e$
夸克粒子		
下夸克	d	$-e/3$
上夸克	u	$2e/3$
奇夸克	s	$-e/3$
璨夸克	c	$2e/3$
底夸克	b	$-e/3$
顶夸克	t	$2e/3$

"大体上明白了。"

——大体上明白了？我可是什么也没听明白。四种力什么的，到底在哪呢？这些个力又起什么作用呢？

③ 科学喜欢做整理

"把这四种力整理一下、归纳成一个方程式，这就是所谓的终极理论。从这一个方程式出发宇宙所有的规律都可推导出来的话，世界上所有的事情都可以解释得清清楚楚了。所以它才叫做终极理论嘛。"

"那么，统一理论又是什么意思呢？"

"除了重力之外的其他三种力归纳整理到一起，这就是大统一理论。还有，把电磁力和弱核力整合到一块儿，这就叫统一理论，现在已经完成了的仅仅是这个统一理论。"

"为啥没有包括重力呢？"

"终极理论里面包括重力嘛。"

"哎呀，名字太多，搞混了。"

——拿"终极"与"统一"这两个词来说，"终极"这个词更了不得，不是吗？说是这么说，对我而言，那个理论什么的到底是个啥，压根就没搞懂。

忽然间发现自己的筷子不知不觉地停在了半空中，我慌慌张张地把视线移到了吧台最里边的方向。总归是偷听人家说话，多多少少还是有点不好意思啦。可是，心里老是想听这俩男人的对话。

"首先，把电与磁统一起来、整理成一个方程的是一位叫麦克斯韦的物理学家，把电磁力和弱核力统一起来的是一位叫怀因巴格和一个叫萨拉姆的学者。"

"那，把重力也考虑进去的是爱因斯坦喽？"

"不对，爱因斯坦想把电磁力和重力统一起来，可惜没有成功。"

"爱因斯坦也会失败呀！"

"把电磁力、弱核力和强核力整合起来就是大统一理论，不过现在还没有完成。"

"传说中的那个什么超弦理论又是怎么一回事？"

—— 传说中的超弦理论？这样的传说我怎么就从来没有听说过……年纪较轻的这位男子，好像对科学特在行，把爱因斯坦的名字挂在嘴边，他到底是做什么工作的人呢？

"超弦理论是四种力统一到一块儿的终极理论的候选之一。不过现在还没有经过实验的检验，所以还是一个未完成品。"

"可是，牛顿这些大人物上哪去了呢？"

"到目前为止，说的都是现代物理的事情。牛顿的重力理论是属于古典力学的内容。"

"像文学那样，物理学也有所谓的古典？"

超弦理论

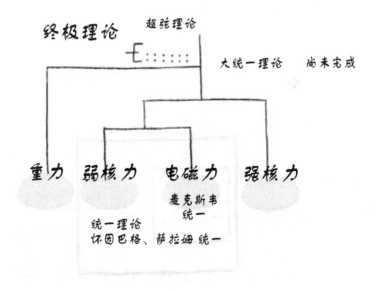

——科学当中，也有所谓"古典"和"现代"？可是，牛顿的重力理论这东西，我可没听说过，是不是说万有引力呢？

 "是的，一般来讲，爱因斯坦、玻尔等这些科学家出现的时候就进入了现代物理阶段，在这之前的物理学就叫做古典物理学。"

 "牛顿的理论，就算我们这些学文科的人也觉得很容易懂。有那么一点觉得我们的脑子还是挺聪明的。"

——照这么看，这位上了点年纪的男子是学文科出身的？年纪轻点的这位是学理工科出身的？

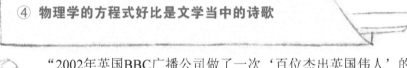

④ 物理学的方程式好比是文学当中的诗歌

"2002年英国BBC广播公司做了一次'百位杰出英国伟人'的问卷评选，结果牛顿排在第六位，莎士比亚名列第五。"

"莎士比亚？文学家排在了科学家的前面啊。那谁排在第一呢？"

"政治家丘吉尔。"

——年纪较轻的这位又笑了。这家伙动不动就说出一堆高深的东西。不过还是蛮讨人喜欢的。这家伙到底是做哪行的？

"这可真是带有浓厚英国色彩的排名啊。"

"当然，把莎士比亚和牛顿放在一起来比较，这本身就有问题。也有人质疑：这样的排序合适吗？"

"的确是没法比较。"

"不过，从学理工的人的角度来看，莎士比亚和牛顿可是同一水平上的人物哦。莎士比亚是用英语写作，牛顿是用'数学语言'写作，仅仅是所用语言的不同，要说成就嘛，我想是同一水平上的。"

——莎士比亚和牛顿在同一水平线

英国伟人

排位	英国伟人
1	丘吉尔首相
2	布鲁内尔（工程师）
3	戴安娜王妃
4	达尔文
5	莎士比亚
6	牛顿
7	女王伊丽莎白一世
8	约翰·列侬
9	纳尔逊总督
10	克伦威尔（政治家）

出处：英国BBC广播公司

上？只是语言不同？这个家伙在想什么呢？

　　装出一副盯着别处的样子，我却不知不觉地听入迷了。

　　"通常，有了一个目标，准备向这个目标前进的时候，或多或少是能够看见这个目标的。通向目标的过程可能因人而异，但是目标本身这个东西还是大体一样的。所以啊，人们学习知识，在大脑里进行消化理解，并发挥自己想象力进行思考。写小说的人也好，写数学公式的人也好，大致是一样的，不是吗？"

　　"也许是吧，我觉得大概是这样。人们常说数学有点难，但是方程式这个东西就好像是文学中的诗歌一样。诗歌把人的情感、诗人的情感转换成文字的东西，对吧。那么读诗的人呢，通过阅读文字体会出诗人的所感，这才成其为读诗。数学方程式跟这完全是一样的，把复杂的世界、宇宙万象转换成一个极其简短的数学公式。所以这和诗歌是完全相同的，只不过使用的语言不是英语、日语这样的自然语言而是数学公式。数学公式这种语言是世界通用语言，也许啊，和外星人说话的时候，这个数学公式体系都有可能是相同的。"

　　——说着说着，这又蹦出外星人来了。这两个家伙恐怕脑子有毛病……这样的人还是不要跟他们有什么瓜葛为好，没准是什么莫名其妙团体的成员。尽量不要和他们对视吧。

　　"数学公式的体系，这是什么意思？是公式或者是定理什么的吗？"

　　"比方说数学定理这个东西，在宇宙中不论何时何地都是真理。定理是人类从宇宙的结构当中学到各种各样的东西之后，开发出来的比自然语言更严密的语言。用这种更严密的语言所表达的东西能准确地反映出宇宙的构造。所以啊，和外星人说话的时候，就算符号不一样，表达体系的结构应该是一样的。"

"是这样的啊！"

"英语也好日语也罢，表达的东西不都是一样的吗？只是外表不同而已。尽管语言的外表不同，当我们阅读杰出文学作品时体会到的感动却是相同的，对吧？"

"嗯，我也有同感。不过那也会有些比较难的地方。"

"比较难？"

"不，我是说，各人有各人的体会，不是吗？数学公式不会出现这样的情况吗？"

"这个情况我觉得应该是偏差。比如说，小说家写小说，科学家写数学公式。不过呢，写出来的东西和脑子里东西多少还是不一样。自己的感情啊思维方式什么的，并没有完全地写出来。这样的话，不管是小说还是数式，都可能落掉某个地方。不单是这个，别人听你说话、读你写的东西的时候，他听到、读到的内容可能更是跟你的本意不一样。就是这个情况。"

——数学公式的某个地方略有不同，那不麻烦了吗？答案是正经八百确定的，那才叫数学嘛。搞什么搞！

"要这么说的话，反过来说不完整也是可以的。读的人最后自己完成不就行了吗？"

"读的人不可能把小说家或者科学家写出来的文章或数学公式原原本本地体会出来，所以，得靠自己……"

"补充完整，对吧。"

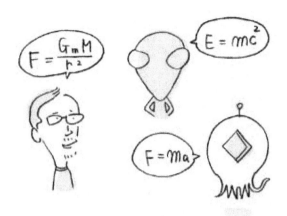

 "对，只能补充完整，逐步解读。"

——哦，原来是这么回事。自己解读，不明白的地方自己填补，是这么一回事。不对啊，文学作品的话可以这么做，数学的话这个做法恐怕不行吧？

 "从我自己的读书经验来说，喜欢的书和一般意义上的好书是不一样的。这本书让我舒舒服服地补充完整了，所以觉得特喜欢，也许是这样吧。"

 "嗯，也许是。"

 "那么，就是在科学的世界里，虽然某个理论具有某种魅力，但是搞错了，这个好像有很多例子，对吧？"

 "有，有，有，有好多呢！"

 "那些恐怕都是些漂亮的理论吧！？"

 "与其说优等生水平，不如说是天才水平的理论。也就是说，不是优等生水平的理论，而是在天才水平的理论中常有。小说也是这样的。不是有白玉之瑕的说法吗？但是，有点瑕疵往往更有魅力。大概就是太完美的东西反倒让人不舒服的那种吧。"

"对对对，有缺口的刀反而更锋利。"

——这两个人到底是搞文学的还是搞科学的，我完全弄不明白了。哎呀，光顾着听他们神侃，自己的酒早已热好了，特地点的炖菜也凉了……

⑤ 瑕不掩瑜的理论

"对。有缺点才有人的味道。怎么说呢，反而有一种舒服的感觉。诺贝尔奖得主迪拉克曾经提出过超大数假说这个理论，就是说重力逐年变弱这样的假说。这个假说特别有意思，把超大数这个问题解释得很清楚。"

"超大数是什么东西？"

"物理学当中有各种各样的物理量，对吧？比方说电子的质量，电荷、重力的强度，宇宙的大小，等等。这些物理量都带有米、秒、千克等单位，单位相同的两个量相除的话单位就被消掉了。比方说，1千克的东西和10千克的东西相除一下，就是10千克分之1千克，千克和千克可以消掉，等于0.1，对吧。单位就没了，这样就是纯数字，反映了事物的本质。这个比值，没有了单位的这个东西具有本质性的意义。如果要把120千克和1厘米相比较的话单位就成了障碍，没办法比较。"

"嗯——，把相扑选手的体重和我的大拇指的长度做比较，这真没法比。"

"但是，并非不可能。"

"？？？"

本　质

$$\frac{1\text{kg}}{10\text{kg}} = 0.1 \quad\longleftarrow\quad \text{本质}$$

$$\frac{\text{相扑选手}}{\text{日本人的}\atop\text{平均体重}}\ \frac{120\text{kg}}{60\text{kg}} = 2 \qquad \frac{\text{大拇指的}\atop\text{长度}\ 2.5\text{cm}}{\text{日本人的拇}\atop\text{指平均长度}\ 2\text{cm}} = 1.25$$

体重　　　　　　　　　　手指的长度

相同本质进行比较

——什么？这怎么可能？快说清楚！

"怎么比较呢？把单位消掉不就结了嘛。为了消除单位，用某个物体的重量、大小这些量乘除的话，不管单位是千克还是厘米，不就消掉了吗？"

"没听明白。"

"咱们看看基本物理量就明白了。我们取日本人的平均体重作为重量的基准，假设为60千克。那么120千克的相扑选手与这个平均值的比就是2。同样我们取日本人的平均拇指长度作为长度的基准，假设是2厘米。自己的拇指长度和这个平均值一比就可以了。"

"也就是说，假如平均拇指长度是2厘米，我的拇指长度是2.5厘米，一比就是1.25这样的纯数字。"

"对头！所以，相扑选手的体重比章夫舅舅的大拇指大。"

——舅舅？这两人原来是舅甥关系。要是这样的话，那，这也聊得太高深了。通常来说，舅甥之间聊些家长里短什么的才正常嘛！

"物理学里面，用什么样的值做为基准呢？"

"宇宙的年龄、氢原子的大小，等等。"

"觉得挨上点边了。"

"把基本的物理量拿来乘除得出没有单位的纯数字。这样的话就会出现各种各样的数值。比方说，电磁力的强度和重力的强度比一下，彼此相除力的单位就消掉了，仅仅是一个比值了。"

"嗯，嗯。"

"对各种各样的物理量进行同样的乘除之后，令人吃惊的是，基本上要么是1左右的值，要么是一个超大的数值。"

——1或者超大？怎么感觉那么极端呢？

"没有中间数值？"

"没有中间的值。超大数这个东西真的非常非常巨大，它的值大约是10的40次方（10^{40}）。10的40次方就是个、十、百、千、万这样数下去的话，1的后面跟着40个0，所以，大得不得了。那么，为什么会从1左右的数值一下子蹦到如此巨大的数值呢？这个'没有中间值'在物理学当中可是个大问题，叫做等级问题（hierarchie）。所谓等级就是指阶层……"

"你是说阶层，对吧？"

"本来是一层一层的，可是这中间的层没了，所以成为大问题。不过，迪拉克的超大数假说里面，这些超大数和重力有关。在超大数当中，重力以重力分之一（以重力做分母，其他力和重力相比较——译者注）形式出现，这就是迪拉克的想法，或者说假说。重力的强度是由牛顿的万有引力常数G确定的。这样，万有引力常数G就进入到了分母里面。G如果是一个很小很小的数，那么最后的比值就很大很大，就是G的倒数很大很大。就这样，迪拉克提出了超大数假说：在遥远的过去G是个1左右的数，超大数在宇宙的初始时期可能就是1左右的数值。但是随着时间的推移，和其他的力相比，重力在逐渐地变弱，时至今日就变成超大数了，因而造成了中间值缺失。实际上，我觉得这个思想非常容易让人接受、特别有魅力！"

——说什么特有魅力？对我来讲，这可是完全感觉不到任何魅力的话题。我嘴里嚼着生鱼片，心里却感叹他们竟然能就这样的话题聊得如此兴奋？！这也许就是所谓的科学的魅力吧。

嘿，老板，给我加一份豆腐。

"好像有那么一点点明白了，但是没有实实在在的感觉。"

"哪个地方没有实际感觉？"

"你刚才说过去的重力是1左右的数值，为什么必须是1呢？"

"这个啊。基于平等这种民主主义的思想，事物如果没有什么原因的话，实际上应该都是一样的。所以也就产生了这么一个疑问：上帝造宇宙的时候凭什么会造一个相差10的40次方那样的宇宙呢？那么很自然，物理学家认为可以假设宇宙的最初阶段宇宙的四种力大致是相等——也就是平等的。"

超大数

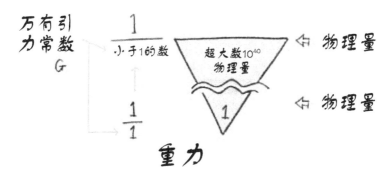

"各不相同就不行吗？"

"如果认为四种力各不相同，那就是另外一种假说的内容了。"

"和迪拉克假说不同的假说？"

"取了一个叫做'人类原理'的名字。"

"嘿哟，超大数完了又蹦出个什么人类原理。人类原理又是谁整出来的？"

"很多物理学家都提倡这种思想，不过要说最有名还是斯蒂芬·霍金。"（关于人类原理，请参见167和168页）

超大数假说与人类原理

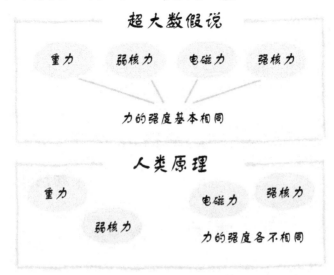

超大数假说

重力　　弱核力　　电磁力　　强核力

力的强度基本相同

人类原理

重力　　　　　　　电磁力　　强核力

弱核力

力的强度各不相同

——说起斯蒂芬·霍金，这个我知道。应该就是那个被称为"轮椅上的牛顿"的科学家吧。的确，他应该出版过一些关于宇宙的书……但是，人类原理这东西，从来没听说过。到底是什么呢？

⑥ 重力极其微弱

"还是回到刚才的话题吧。不管怎么说，超大数和重力有关，但是重力极其微弱。为什么重力会如此之弱呢？回想宇宙刚刚诞生的137亿年前，自然会觉得以前重力实际上应该是很强的，应该和其他的几种力是差不多相等的。"

"这么说，现在的重力是最弱的吗？"

"是的，现在重力最弱。不过，这好像又有点违反常识。"

"是啊，通常感觉重力特别强哦。"

 "但是，在四种力当中重力最弱，而且是和其他力相差了很多的数量级。不过，我们现在只能感受到重力，说重力很弱会让人笑话。"

 "嗯——"

——那是，当然让人笑话！要是没有重力的话，我们不都从地板上飘起来飞到宇宙太空中去了……

哎呀，酒没了……咋办呢？要不再喝点？还是想再听听这两个人的谈话。

 "那好，就当有人问：重力和电磁力相比哪个弱？比方说，作用在这个杯子上的电磁力和重力相比，重力可是绝对强大。把磁铁拿来放到杯子上方，杯子不会被吸起来的，对吧。也就是说，重力看上去是很强的。但是，物理学当中的力的强度是指各个基本粒子层面上的作用力。▼

重力很弱

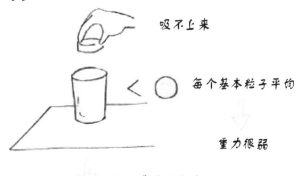

吸不上来

每个基本粒子平均

重力很弱

只能感觉到重力

重力

"是一个小得不得了的世界的事情。"

"比方说，国民生产总值，又叫做国家的GDP，也有用总人口除过之后的人均GDP。现在相当于说的是人均GDP。从每个基本粒子平均的层面来做比较的话，重力却是绝对地弱。"

——原来如此。这个比喻很好懂。也可以说重力是很弱的呀。

"分解到一个一个粒子的话，的确可以说是很弱的。"

"不过，重力和电磁力有些地方是完全不同的。要说哪个地方不同，你看电磁力是有正有负的。也就是说，电荷有正有负，磁力有南极和北极之分。这些都是正好相反的力，对吧？"

"就是啊。"

"人的身体、杯子等是由数量庞大的基本粒子构成的，但是实际上正电荷和负电荷的数量几乎是一样的。原子核带正电，电子在原子核的周围绕转。电子是带负电的，和原子核的正电荷相抵消。"

"啊，原来如此。"

"相互抵消的结果，电荷基本上就变成零了。电荷为零，也就意味着几乎没有电磁力相互作用。但是重力和电磁力不同，只用一种。"

"这是什么意思？"

"也就是说，没有什么正重力和负重力之分，重力全部只有正值。"

——重力只有正值？这样的话，就没有磁铁那样的相互排斥的情况了？

"那，那会有什么后果？"

"所谓正值是说质量，如果有一质量M和另一个质量M'，那它们总是有吸引力。电磁力有时是吸引力有时是斥力，重力却只有吸引力。因此，随着粒子的数量不断增多，只有重力不断地变强。重力不会相互抵消，也没有正负之分。也就是说，只有吸引力不断地叠加积累越变越大。就说这个杯子吧，是由许许多多的粒子构成的，只有重力在起作用。这就是所谓的积尘成山。"

——原来如此。只要不相互排斥，就会不断地越变越强，是这样吧。

电磁力和重力的区别

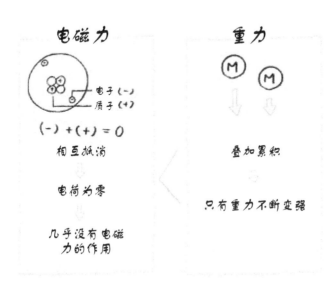

⑦ 宇宙可能就像一个足球

"137亿年前宇宙诞生以来一直都在膨胀。这是不是意味着宇宙正在向着灭亡的方向前进呢？"

"这是个好问题。的确，形势非常严峻。"

"严峻？什么意思？"

——严峻？你要说恐怖倒是可以理解，严峻，这个说法可真是不知道是什么意思。

"就是在几年前，还搞不清楚宇宙会变成什么样。但是到了1997年有一个超新星观测小组注意到，宇宙深处正在不断地远离我们，而且是加速地远离我们。经过连续不断的检验，在2003年利用威尔金森微波各向异性探测器（WMAP）进行了堪称完美的天文观测，证明了他们的看法是对的。据此，可以认为宇宙正在加速膨胀。就好比开车的时候使劲踩油门那样的状态。这种状态会一直持续下去。"

"和下坡的时候有点像，对吧？"

"对，正在下坡，就是不断地增速。也就是说宇宙膨胀的趋势越来越大，最后我们的银河系和其他的银河系分离，根本就看不见了。为什么呢？虽然说其他的银河系照常会发光，但是光的速度比宇宙膨胀的速度小，其他银河系发出的光到达不了我们的银河系。"

"这可不得了！"

"这样一来，当我们仰望宇宙，星星不断地消失在黑暗之中，其他银河系整个地消失。而且接下来我们自己所在的这个银河系也会'乓'一声膨胀开来、邻近的星星也消失在黑暗之中，也就说，最后漆黑一片。不过这恐怕是太阳灭亡以后的事情了，对于现在生活在地球上的我们来讲，是不可能亲身体验如此严峻的宇宙喽。"

——这就是所谓"严峻"的意思呀。漆黑一片，一片漆黑……不过现在的大城市也是看不到什么星星。横滨市元町这样的地方，夜晚的星空早就被满街的荧光灯夺走了。

"但是，要是膨胀的话，就应该有个中心的地方，对不对？"

"不是这样的。不，也许是这样的，但是，'不是这样的'这个说法更靠谱。这又有什么说道呢？比方说吹气球吧。气球的那层皮就好比是我们的宇宙，在那层皮上面画有许多银河系的图画。气球膨胀的时候就是气球那层二维的皮在胀，而不是三维空间的膨胀。就这样，把气球吹起来的话，整个气球皮膨胀开来。"

"还真是这么膨胀的。"

"把气球吹起来的时候有个吹口，要是忽略这个吹口，那么气球那层皮上就没有什么中心了。整体在膨胀，但膨胀这个过程不一定非得有个中心什么的。虽然说气球的整张皮在膨胀，但是这张皮上并不存在中心。"

"的确是没有啊。"

——的确？没有中心？不对劲不是吗？肯定应该在某个地方有中心的呀？

 "是没有吧。就是说，中心这个东西不是必须的。有也是可以的，也有可能从某个中心冒出空间然后不断地膨胀开来。不过，恐怕不是这样。"

 "那，宇宙是个什么样子呢？"

 "关于这个问题也有各种各样的说法。法国学者根据WMAP的天文观测数据在《自然》杂志上提出了一个说法：宇宙就像个足球。"

 "足球？也就是说球形的？"

 "这样一个形状。"

——我斜眼瞟了一眼他比划的手势。这就是宇宙的样子？是足球的样子。是说这个足球的里面有地球、太阳和银河系？

宇宙的样子像足球？

出处：http://luth2.obspm.fr/Compress/oct03_lum.en.html

"哈？怎么是这样的形状？"

 "呃——现在只是个假说。"

 "明白了。这个世上99.9%都是假——说！"

——这回是舅舅嘿嘿地坏笑。99.9%是假说到底有什么可笑的呢？原本世上并非都是假说，也有定论。

 "根据这个假说，我们在足球的里面。宇宙的边缘就像足球那样，是个十二面体。但是，这个假说神奇的地方是宇宙的边缘：如果你从足球里面往外走，穿过十二面体的某个面，出去了。你觉得你是出去了，实际上你又从对面的那个面回到了足球里头。"

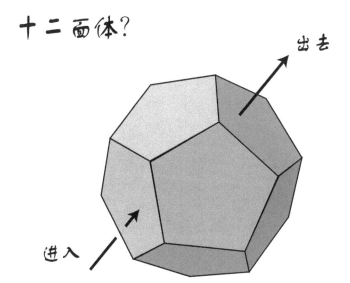

十二面体？

出去

进入

你认为从宇宙的某个面出去了，结果是你从对面又进入宇宙了

出处：http://luth2.obspm.fr/Compress/oct03_lum.en.heml

——我们是圈在这么一个东西的里头？好不容易觉得自己逃出了狼窝，可实际上又从另一面被扔回去了——宇宙的外面出不去吗？说是这么说，不过宇宙还有外面，这可是难以想象啊！

"这是怎么回事？你是说宇宙没有外面？"

"无法知道宇宙有没有'外面'。为什么？因为根本就出不去呀。这是怎么一回事？比方说我们在足球的里头，向外走着走着，碰到了足球的一个面。于是你觉得你出去了，可是就在同一瞬间，你实际上从对面那个面又回到足球里头，黏在对面那个面上。尽管你可能会觉得这十分荒唐。"

宇宙有无限的纵深？

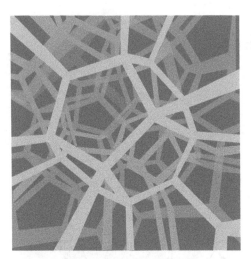

从足球的某个面出去的光又从对面的另一个面回到足球里，就像是"镜子的世界"。就这样，宇宙看上去好像有无限的纵深。

出处：http://luth2.obspm.fr/Compress/oct03_lum.en.heml

"嗯——搞不懂。"

——我也不懂啊。管它呢，到宇宙的外面去，这个事情也是很可怕的事情，不是好玩的。

"好，还是这样来解释吧。"

⑧ 蚂蚁看宇宙

——那位外甥拿出一张纸，在上面比划着开始说明。那是什么？那个像格子一样的东西。

"现在让我们想象自己是蚂蚁吧。蚂蚁眼中的世界可是平面的哟。把这张纸的一边和对边接在一起卷成一个筒，蚂蚁在纸筒上转圈爬，当它越过纸筒的接缝线的瞬间，你瞧，这不是从纸的一边出去的同时又从纸的另一边回到纸上来了吗？"

"这个能明白。"

"那好，回到宇宙的话题吧。宇宙也是这条边和对边像胶皮一样粘在一起形成的。"

"你是把纸筒拽一下从里朝外翻过来？"

"纸筒的这个面和另一个面粘起来，就这样。把面粘好以后的纸筒像拉胶皮一样拉一下，纸筒的里面的边缘线粘到一块儿了的话，和刚才的情形就一样了。"

"嗯——？"

"对于学物理或数学的人来说，这很容易理解。这里和这里是一样的。"

从蚂蚁的角度思考

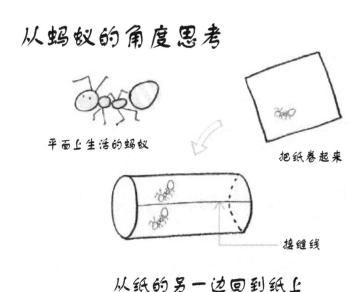

平面上生活的蚂蚁

把纸卷起来

接缝线

从纸的另一边回到纸上

"这么说，不是球体也是可以的？比方说，圆筒连在一起。"

"嗯，你说圆筒也行。但是，要考虑是那种没有弯曲的圆筒哦。"

"没有弯曲的圆筒，什么意思？"

——没有弯曲却连在一起的圆筒？这样的玩意儿有吗？我一边拿着装筷子的那个包装袋耍弄着，偷偷地做了个圆筒，可是无论如何，不弯曲的话是连不起来的。

"首先，让你看这样的圆筒，你觉得这个面弯曲了，是吧？可是呢，所谓的弯曲方式存在两种，一种是通过和周围关系比较来说是弯曲了。还有一种就是这张纸本身就是弯曲的。完全忽略周围环境，单就这张纸本身来说，这个圆筒是没有弯曲的哟。"

"……"

"有点奇怪吧。"

——岂止是奇怪！完全忽略周围的情况，这个圆筒就没有弯曲了？一点也不靠谱嘛！

从蚂蚁的角度思考

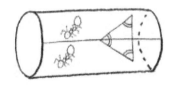

弯曲的方式 < 和周围的关系比较来看弯是曲的
纸本身是弯曲的

三角形的内角
之和为180°

内角

三角形的内角之和不变

纸没有弯曲（蚂蚁的角度）

"你的意思是说，这个圆筒是平坦的？"

"假设这个圆筒的表面是蚂蚁眼中的宇宙。蚂蚁根本就不能利用与宇宙外的关系判断这个圆筒是弯曲的。对于蚂蚁来说，整个宇宙就是这个圆筒的表面，它只能通过研究这个表面来检验自己所处的这个宇宙是不是弯曲的。那么，到底该怎么来检验呢？"

"到处转悠呗？"

"在这张纸上画个三角形看看吧。三角形的内角之和是180°的话，这张纸就不是弯曲的。那好，就算你把这张纸卷成筒，你画的这个三角形的内角之和是不变的，对不对？筒子表面上爬着的蚂蚁来测量，它还是180°，没有变呀。"

"还真是不变的。"

"所以说这个纸筒不是弯曲的。"

——哦，从蚂蚁的角度来说是这样啊。

"那会不会出现这样的情况，蚂蚁通过测量三角形的内角得出圆筒表面是弯曲的。"

"假如是球面的话，就会是这种情况。球面的话，要在它上面画三角形该怎么画呢？在球面上拉根墨线弹一下，对吧。画完三角形后测量它的内角之和，结果是大于180°。这样，居住在球面上的蚂蚁就会得出结论：自己所处的这个宇宙是弯曲的。"

"原来如此。"

"还有一种弯曲方式，就像马鞍的表面。在马鞍的表面上画上三角形，测量到的三角形的内角之和小于180°。"

宇宙的弯曲方式

三角形的内角和为180°

内角和小于180°

 "球面和马鞍面的弯曲方式是相反的？"

 "对。弯曲方式有正弯曲（凸弯曲）和负弯曲（凹弯曲）两种。"

——哎呀，又是让人一头雾水的东西。正弯曲和负弯曲？负弯曲是怎么个弯曲法？

 "那好吧，回到刚才的话题。这个看上去像足球一样的宇宙正在膨胀吗？"

 "对，作为一个整体在膨胀。"

 "正在膨胀这个事实和宇宙的形状有关系吗？"

 "这个问题现在还不知道呢。关于宇宙膨胀的原因，老实说还不清楚。"

 "你是说，正以强劲的势头膨胀这个事实是清楚的？"

"是清楚的。不过，20世纪90年代中期以前，世界上所有的学者都不知道。"

"比方说，从地球上观测的时候，观测上面、观测下面、观测左边和观测右边，宇宙都是在膨胀的吗？"

"对，所有方向观测都是在膨胀。"

"无论观测哪里都是这样？"

"对，无论哪里。而且是以相同的感觉在膨胀。尽管膨胀的原因还不清楚，最近有个假说认为：宇宙空间整体可能充满了反重力，也就是排斥力。这实际上就是爱因斯坦在1920年左右写进了自己的著名方程式——爱因斯坦方程式里的一种假说，可惜爱因斯坦随后很快就撤回了他的这个假说。撤回这个假说可以说是爱因斯坦一生中最大的失误，不过他的假说被取了'宇宙常数'这个名字。宇宙常数就是指充满整个宇宙的力，这些力从整体上使宇宙膨胀。还有，现在甚至可以确定宇宙常数占宇宙总能量的73%。"

宇宙的96%仍然是谜

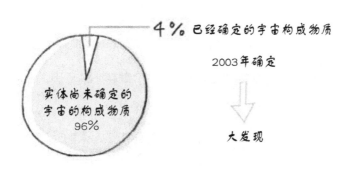

——呃？但是，爱因斯坦不是说了这不对吗？是不是现在认为实际上爱因斯坦当时的想法是对的？爱因斯坦可是天才的啊！

"也就是，爱因斯坦的假说复活了？"

"复活了，而且简直就是王者归来。"

"尽管取了宇宙常数这个名字，但是并不是所有的物质都可以看见。要说未被确认，还真是未被确认。而且构成宇宙整体的能量当中，我们已知的、已经观测到的物质只有4%。"

——只有4%！？宇宙原来充满了谜团一堆一堆呀……。这位外甥对宇宙的知识可是相当精通啊……简直是精通到家了！

"大部分都不知道啊！？"

"对，宇宙的能量，也就是构成物质（参考爱因斯坦的质能等价方程$E=mc^2$。——译者注）的96%还是谜。这是2003年的一个大发现，它让我们明白了：有96%的宇宙物质我们还不知道。"

"哈哈哈，知道了我们其实不知道。"

"对，知道了我们其实不知道。但是，这也是一大进步啊。在这之前，连这个都不知道呢。在这之前我们根本就不知道我们到底对宇宙了解多少。能够给出4%这个数字，就是进了一大步，对吧？"

"知道了这个数字就很不错了。"

——嗯，这么想也行吧。

"对啊，我想，今后物理学家和天文学家一定会不断地研究剩下的96%到底是什么。还有很多很多工作要做。"

"我觉得永远也不可能搞清楚，没有这种可能。"

"不，也许有这种可能哦。要说依靠科学就可以知道一切的话，恐怕也不是这么简单。有可能花了无穷多的时间也还是搞不明白。比方说100米跑，记录不断地被刷新。大概和这个有点类似。人们曾经认为再怎么跑恐怕也跑不过10秒。但是就在人们认为绝对不可能突破10秒大关的时候，结果呢？不是被突破了吗？"

"确实突破了，现在的纪录是9秒58。"

"知识是会不断增多的，人们知道的东西也会越来越多。就像100米跑的世界纪录不断被打破一样。"

——是啊……要是这样的话，在我们活着的这段时间里到底能够知道多少东西呢？到死为止能解开多少个谜呢？

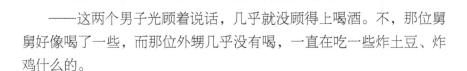

⑨ 能看到137亿年的宇宙记录真是幸运

——这两个男子光顾着说话，几乎就没顾得上喝酒。不，那位舅舅好像喝了一些，而那位外甥几乎没有喝，一直在吃一些炸土豆、炸鸡什么的。

"到目前为止有那么几次说到了速度，可是仔细一想，速度这个概念是什么意思呢？比方说，图像和声音都有速度，对吗？"

"是啊，在自然界中图像和声音传播的时间差距是巨大的，声音的传播速度是每秒340米，但是图像的传播速度是每秒30万千米。每秒30万千米，相当于每秒绕着地球跑7圈半。所以，眼睛看到图像是瞬间的，一瞬间图像就到眼睛里。但是，声音传播花的时间就要长些。"

声音和光

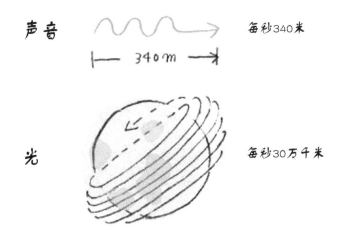

声音　　　　　　　　　　　每秒340米

340m

光　　　　　　　　　　　　每秒30万千米

——这个年纪轻点的男子竟然连这样的数字都记得清清楚楚？！他到底是干什么的？

 "的确。"

 "比方说从窗边看到放烟花，过上几秒之后才听到咚地一声响。假如从看到烟花到听到声音所经过的时间是4秒，可以推算出我们离烟花燃放地点相距1千米以上。学理工科的人这个时候脑子嗖地一下就算出来了。一边感叹好漂亮的烟花啊，一边又在推算这是距离1千米远的景象。"

——这么说，这个外甥是做理工科工作的吧。系统工程师？对天体观测感兴趣的工程师或者是计算机工程师？

"去年，我有机会读了一本爱因斯坦写的书，好像讲的是光的事情。"

"对，相对论话题基本上是以光为中心展开的。光的速度是绝对的基准。所有物体的速度与光速相比，得到的是0和1之间的数字。也就是说1这个数字对应的就是光速，如果用百分比来说就是光速的100%。那么说起其他物体的速度时就说是光速的百分之几。这就是相对论的世界。"

"不存在比光速更快的东西吗？"

"除空间自身发生变化的情形外，不存在比光速快的东西。"

"那就是说，光速是最快的喽。"

"对，从物理学的理论体系来看，似乎只有光速最快。"

——啊，相对论！这两个男子谈论这么高深的学问呐？相对论是讨论光的问题？光速是世界上最快的，这是什么意思？

"那，你的意思是说速度只有一种？"

"对，只有光速。而且是这么说：速度是1。像搞基本粒子或者宇宙等物理学研究的人，是不用每秒30万千米这个说法的，而是说光速等于1。也就是说，它是绝对的基准。"

"原来速度的意思是这样的啊。"

——这种说法，我还是头一回听说呢。那位外甥是学物理专业的？看来不单单是个天文迷……

所谓绝对基准

| 通常的速度 | $\longrightarrow$ | 每秒30万千米 |
| 物理学的速度 | $\longrightarrow$ | 光速为1 |

绝对基准

"那么，为什么会有比1还慢的呢？光原本是以光速运动的，但有些光会七拐八拐。这样速度平均下来就慢了，整体看起来就比1小了。仅此而已。"

"原来如此。光就像龟兔赛跑故事里那个东跑跑西窜窜的兔子那样。"

"啊，哈哈，不过光可没有躲在那个地方睡大觉哦。以光速运动的基本粒子七拐八拐运动的时候，整体看起来比光速慢，电子就是这样。电子每时每刻都以光速运动，但是像布朗运动那样七拐八拐乱蹦的时候，和直线运动的光相比，电子就显得慢了。"

"嗯——，说到底，我想知道的是声音的速度。你跟我说光速，我根本不可能感觉出来啊。"

1和比1慢的物质

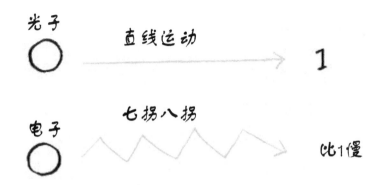

注：电子这种七拐八拐的运动，很难用实验直接验证

——嗯，是没有办法感觉到光速。难道说，这位外甥能感觉出光速？

 "可能是这样吧。学习这些知识的时候，物理学家也好，数学家也罢，都要进入公式的世界了。"

 "原来如此。"

⑩ 现在的星空是过去的宇宙

 "有这么一个小故事。有一位先生发现：要使星星闪闪发光，星星里面一定是发生了核反应。一天夜里这位先生和他女友出去散步，女友自言自语地说：'星星怎么会如此美丽呢？'这位先生说：'是啊，现在世界上只有我一个人知道星星为什么会发光。'听到这话，他的女友微微一笑了之（故事出处：《费曼物理学I》第43页，岩波书店出版）。星星是浪漫的，但是一说起

42

物理的话题，那可就惊扰了学文科的人的浪漫梦境。"

"这个物理学家被女友甩了吧？"

——这两位男子边说边哈哈地笑。总觉得外甥对物理和天文非常了解，而舅舅问了很多很多的问题。话又说回来，能够享受这种谈话的亲戚还真是少见。

"我经常说的话题就是星空。仰望星空的时候，我们不就是在看10万光年以前的星星吗？10万光年说的是距离，以光的速度跑要跑10万年的距离。我们现在看到的星光是这颗星星在10万年前发出的光。"

"是过去的事情啰？"

1000年前的过去

100万年前的过去

10万年前的过去

现在看到的星空是宇宙的过去

"是，过去的事情。假如那颗星星距离我们100万光年，那我们现在看到的是它100万年前的样子。这样，我们所见到的美丽的星空实际上看到的都是过去。根据星星与我们的距离远近，有的是100万年前的，有的是10万年前的，或者是10年前的等各个时期的，换而言之就是宇宙整体的过去。"

——哈……星空闪耀着宇宙的过去，是这个意思吧？很有意思的想法哦。我们现在所看到的原来是星星在遥远的过去发出的光。

 "但是，就算是100万年，和宇宙的年龄比起来不是很小的吗？"

 "和137亿年的宇宙年龄相比的确是很小。"

 "就像是一会儿的时间。"

 "是啊，不就一瞬间吗？"

 "把这一会儿称为过去，是因为从人的角度来看确实是过去。"

 "不过，如果用天文望远镜'昴'的话，可以看到接近137亿年前的光。"

 "呃——能够看到？"

——宇宙的年龄是已知的，这可是头一回听说，137亿年也是头一回听到。这种时间的感觉实在是无法切身体会……更别说还能亲眼看见？

 "可以看到接近137亿年前的光，这非常了不起吧。天文望远镜观测的图像仿佛是'时间穿越'一样，人在现在看到的却是137亿年前的宇宙的样子。"

"这么说，宇宙当中全部的历史记录都还在？"

"是的，宇宙保存着全部的历史记录并不断地膨胀着。"

（注：参考195页）

"宇宙太了不起了！宇宙就像是神仙啊！"

天文望远镜 "昴"（SUBARU）

"不过如果宇宙正在加速膨胀，银河系飞速远离我们并从我们的视线当中消失的话，我们也就无法看到关于银河的历史记录。但是现在，宇宙的膨胀速度还没有达到这种程度，所以能够看到137亿年前的样子。从这个意义上说，我们算是幸运的。"

——幸运？什么地方幸运啊？嗨，我看我还是差不多回家吧。可是，这么关键的时刻没听到的话，那可就前功尽弃了。

"你说的情况我们是看不到的，是太阳灭亡之后的事吧？"

 "是的，我们失去宇宙的历史记录是太阳灭亡以后的事。"

 "噢，知道了。你看，气球胀得大了，就看不明白气球上画的是什么了。"

 "是这样——，哈哈，哈哈。胀得太大了还会爆呢。我们的宇宙也许就像气球一样哦。"

舅舅这么说笑着，向老板招了招手说：

"结账！"

他们好像要回家了。喂，拜托！把我弄得稀里糊涂就一溜烟跑啦！

两个人从座位上起身，让店老板帮他们叫出租车。

"那好，下周再聊。"

"好好，我可等着哦。"

两个人就这么说着，拉开了酒馆的一扇木门，消失在元区商业街的夜色里。

下周啊。同样的时间来这的话，恐怕还能碰上这两个人。

"老板，买单。"

我也起身穿好了大衣。不知为什么，感觉有点空落落的，简直就像刚刚看完了一场理不清头绪的电影。我对这两个人有了一种莫可名状的兴趣，更加期待下次他们不可思议的谈话了。

今晚的下酒菜——相对论！
探寻迷宫一样的物理世界

　　狭义相对论和广义相对论有什么区别呢？今晚，三个人的酒论从这个话题开始。牛顿的世界和爱因斯坦的世界是不一样的？物理学从什么地方入手好呢？诸多的疑问以及这两个男人的身份之迷一点一点地被解开了……

第二夜
今晚的下酒菜——相对论
探寻迷宫一样的物理世界

终于又到周五了，就像被光亮吸引的飞蛾一样，我又推开了位于横滨元町的那家小酒馆的店门。也许因为今天是各个公司开工资的前一天，酒馆里没有什么客人。但是如我所盼，那两个人已经坐在上次的那个座位上了。不知怎地，忐忑的心终于平静下来。

可是，在如此空荡荡的酒馆里，我要是特地坐到那两个人的旁边实在显得有点不自然。但是，如果坐得离他们太远又听不清他们的谈话。无论如何，我都想接着上回听他们谈话的内容。

我心里稍稍纠结了一会，和他们隔了一个座位坐到了吧台前。这样，让人觉得我是个喜欢吧台的人，应该没有什么好奇怪的。说实话，我更喜欢吧台角落那个地方。

"今天客人真少啊。"我对店老板说。

"公司发工资的前一天都是这样的。这是今天的小菜。"店老板一边回答一边把小碟子放到了我的面前。"

"这是什么？"

"用辣椒末、醋和豆酱拌的巴蛸鱼的吸盘。很有嚼头。"

"那——给我来一壶久保田万寿酒，再适当地来点生鱼片。"

"好嘞。"

管它，先把酒和菜点了。我不动声色地挪了挪身子，胳膊肘儿支在桌上，手托着腮，以便能够听到那两个人的对话。马上，他们的谈话声就进入了我的耳膜。

① 物理学中无法区分重力和加速度

"比方说要给普通的工薪阶层讲相对论的话，一开始就得先说一个大概的内容。作为初步的知识，得先从广义相对论和狭义相对论的区别开始讲。"

"对。要说广义相对论和狭义相对论的区别，首先就要确定作为讨论对象的物理现象是特殊的事例还是一般普遍的事例。"

——今天又像上回一样聊的都是些很难懂的事情。相对论？我就是个普通的工薪阶层，和相对论可没有什么缘分。那位舅舅不是普通的工薪阶层？西装领带，不就是普通工薪阶层的行头吗？那位外甥，就像是个蔫蔫的大叔一样，看起来没有一点阳刚之气。

狭义相对论和广义相对论

狭义相对论 ← 匀速运动的情形

对象的运动状态

广义相对论 ← 加速运动的情形

"你说的是对象？根据适用的对象的运动状态，分成广义相对论和狭义相对论？"

"嗯——比方说，物体的运动当中有一种叫匀速运动。也就是说运动速度始终不变，速度如果是每小时100千米的话，就一直以每小时100千米这个速度运动。这种情形就归为狭义相对论的范围。"

"匀速运动是很特别的情况呀。"

——速度不变是一种很特殊的情况，这是什么意思？这、这不是很平常的事情吗？把这当成特殊情况有点无厘头吧！

"比方说，汽车、火车不断地加速、宇宙不断地加速膨胀等等这样的有加速度的情形，才是更一般更普遍的情形，所以归于广义相对论范畴。"

"是考虑现在普遍的情形？"

"是的。汽车、火车不都会加速吗？有加速度的情形更普遍更广泛，所以要用广义相对论来处理。"

更普遍更广泛的是广义相对论

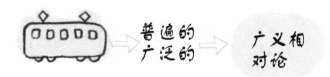

火车加速是很平常的事

——加速是普遍的？时速100千米、从时速60千米加速到时速100千米，不都是很平常的事情吗？相对论是这么离奇的理论？

"也就是说，广义相对论带有更普遍的意义？"

"是，基本上宇宙整体都适用。"

"那——狭义相对论是怎么回事呢？"

"速度近似一定的时候，也就是没有加速度的情形，全部都用狭义相对论来处理。"

"的确，原子弹的制造原理也是这个狭义相对论呀。"

——原子弹的原理是相对论？哈！是爱因斯坦造的原子弹，这个说法倒是在什么地方听说过，但是相对论是造原子弹的原理？话可不能这么说呀！

"是的，原子弹以及核电站发电的原理就是根据爱因斯坦的 $E=mc^2$ 这个公式，是属于狭义相对论的话题。不过，这可不是加速坐标系的话题。"

"$E=mc^2$ 这个公式说的是，物体的能量等于物体的质量乘光速的平方……"

"是的。铀或者钚的原子核发生裂变反应，反应前后出现质量亏损。亏损的那部分质量就转换成了能量。"

"我对这个能量的大小一点感觉都没有。"

"比方说，由于核裂变反应亏损了1千克的质量，转换成能量的话相当于发达国家平均1个月能量的消耗值。"

"仅仅1千克就相当于1个月的能量？"

"这就是核能了不起的地方。"

——原子核啊……一边往嘴里送酒，我的脑海里一边浮现出当年广岛和长崎被原子弹轰炸的情景。那样悲惨的事情，也是原子核的力量所造成的啊……仅仅1千克的原子核就足够一个国家1个月的能量消耗？那两个原子弹爆炸的惨状当然就可想而知了。

"狭义相对论所讨论的匀速运动是怎样的一种情形呢？"

"比方说，你在地铁车站等人，你眼前特快列车呼啸而过的情形就是狭义相对论的情形。特快列车呼啸而过，速度一点也没变，这种情形用狭义相对论来处理就够了。"

所谓匀速状态

车站

特快列车以一定的速度从眼前通过

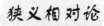

狭义相对论

"原来如此。"

"但是，司机踩刹车或者加速的时候，狭义相对论就不能用了。"

"即便是同一个对象，根据现象的不同用的理论也不同，是这样吧？"

——嗯？不太明白。特快列车通过车站的时候用狭义相对论，列车加速或者减速的时候不能用狭义相对论了，这是为什么呢？

"是的。实际上，某个物体从开始到最后的整个过程全部用狭义相对论来处理是不太可能的。不过只取整个过程中的一小部分来考虑，只有当这一小部分过程中是匀速运动才能够用狭义相对论来处理问题。"

"难道就不存在一直做匀速直线运动的情形？"

"呃——怎么说呢，近似地来看的话还是有的。也就是说，从头到尾进行统一考虑的时候，如果采用最难的广义相对论来处理的话，那个计算可就要了命了。但是如果采用狭义相对论来处理的话就会变得很简单。当加速度比较小的时候，就可以把问题当作匀速运动，采用狭义相对论来计算就可以了。"

"如果这样的话，是不是可以这么认为：就是用匀速情形的计算代替广义相对论的计算。"

所谓匀速状态

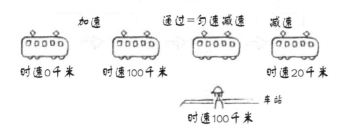

"原理上是可以的，打个比方的话，就像是用超级计算机做家庭理财计算那样。"

"是这样的啊！"

——也就是说，狭义相对论比较简单，而广义相对论是比较难的。要是只听名称，感觉似乎有点相反。用超级计算机做家庭理财计算，这个听起来确实有点浪费的感觉。

"从整个理论的构成来说，是包括广义相对论的，从某种意义说，狭义相对论只是其中的一部分。虽说可以这么认为，说到底两者之间的关系就像是超级计算机和计算器的关系。"

"原来如此，明白了。"

——啊，是这么回事啊。在相对论这个大的理论框架内，有个只处理特殊情形的狭义相对论。原来如此！

也就是说，把这个装小菜的碟子比作相对论的话，里面的酱油相当于狭义相对论，是这么一种感觉吧？

"广义相对论有时也被称为重力理论。为什么呢，从物理上来说无法区分重力和加速度。这是爱因斯坦提出的见解，称为等价原理。等价的意思就是相同的、一样的，简而言之就是重力和加速度是一样的。能够处理加速度的问题，那当然就能够处理和加速度等价的重力的问题，因此广义相对论也可以称为重力理论。正因为如此，作为比牛顿提出的重力理论更严密的理论，爱因斯坦的广义相对论是宇宙的……"

等价原理和广义相对论

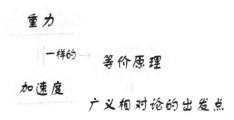

重力

一样的 → 等价原理

加速度

广义相对论的出发点

 "对不起，打住，打住，我有点糊涂了。到底加速度这个玩意儿是什么意思？"

——拜托，等一下！我也一头雾水。区分不了加速度和重力，说它们是一样的，这是什么意思？牛顿的重力理论，不就是万有引力吗？难道说牛顿的理论是瞎凑合的？

 "进了电梯按下按钮向上升的时候，感觉好像有什么在脚底下推你，感觉好像有力的作用，对吧？这就是所谓的施加了加速度。"

 "那不是重力吗？"

 "把眼睛蒙上再把耳朵塞上，突然把你塞进电梯，感觉到下面有力在推，你就根本就分不清这个力是重力还是加速度。"

 "是啊，所以就说是一样的力？"

 "是的，因为无法区分所以说是一样的。说到底从原理上讲，我们没有能够区分重力和加速度的测量装置。也就是说，根本就无法判断哪个是哪个。是爱因斯坦首先明确指出这个事实并在此基础上建立了广义相对论。"

——生鱼片一直放在酱油里面，我拼命地想象着电梯中的情形。坐着电梯一口气上到高层……感觉下面好像被推着……要是再把眼睛蒙上，嗯——的确有点像被放进潜水艇什么的，被带向深不可测的地方……要是这样的话，感觉好像身体会被水压扁似的，或者感觉重力增加了似乎也不奇怪。

所谓重力和加速度是一样的

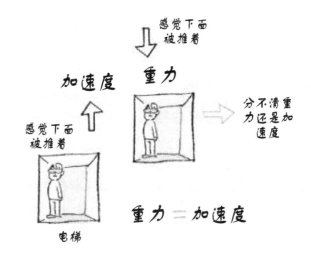

"是这样开始啊。"

"爱因斯坦提出这个见解的时候，实际上有不少人都曾经想到过重力和加速度恐怕无法区分。但是，只有爱因斯坦从一开始就严格地以等价原理为起点，建立了广义相对论。"

"这才是了不起的地方。"

"把人们模模糊糊感觉到的东西明确地归纳成数学公式，并由此构建出壮观的理论。这可能就是天才和凡人之间的区别。"

"不过重力等价于加速度还是比较容易理解的。"

"是的，因为能够实实在在感受到力的存在。而狭义相对论则是适用于感觉不到实实在在的力存在的时候。"

"原来是这样，这就是所谓的匀速运动吧。"

"是的，匀速运动。"

"稳稳当当的感觉啊。"

"对，稳稳当当，没有急剧变化的那样的情形。"

——是这样，没有急剧变化的情形下适合用狭义相对论呐。我瞟了那两个人一眼，迅速把视线收回到我的生鱼片上。这两个人似乎不是那种危险分子，但也绝非是等闲之辈。难以想象普通的工薪族会在小酒馆里聊相对论聊得热火朝天。

"那——宇宙中有许许多多现象发生，如果想用相对论来解释的话就得用广义相对论啰？"

"是的，用广义相对论进行计算。不过，像NASA（美国国家航空航天局）发射宇宙探测器的情形用牛顿力学差不多就够用了。"

"是吗？那不会出问题吗？"

——什么？可是，刚才不是说加速的时候要采用广义相对论吗？还说了无法区分重力和加速度什么的……

"只要重力不是特别大，或者重力在宇宙规模上不是特别巨大，就不用广义相对论。在这种情形下，作为广义相对论的近似理论，用牛顿力学就可以了。"

"你是说用哪个理论结果都是一样的？"

"听上去可能有点怪怪的，广义相对论这个理论，其中一部分包含了狭义相对论。再进一步，可以认为牛顿力学是广义相对论的一种近似。换而言之，可以说牛顿力学是广义相对论的近似理论。"

"就是说哪个理论都没有错。"

"哪个都不是错的。就好比是超级计算机和计算器的差别。"

"就算是这样吧，那你说的近似理论是什么意思呢？"

"加速度不是很大、重力不是很强的时候，广义相对论基本上就变成了牛顿力学。"

　　——什么？牛顿力学和广义相对论是一样的，是这么回事吗？在这之前不是这么说的嘛：牛顿的理论是古典的，爱因斯坦的理论是现代的，所以是不同的东西。

"即使用不同的理论进行计算得到的数值几乎相同，你是这个意思吗？"

"是的。宇宙探测器并不是靠近黑洞（黑洞附近重力变得特别巨大。——译者注），而是用牛顿力学计算就可以了。"

"这样的话，是不是可以说绕着地球转的GPS卫星的情况用牛顿力学计算就足够了呢？"

"不对，那可不行。"

广义相对论和牛顿力学

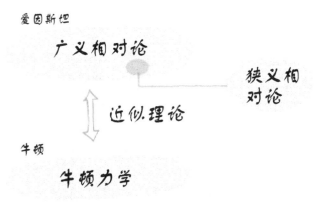

近似理论的适用范围

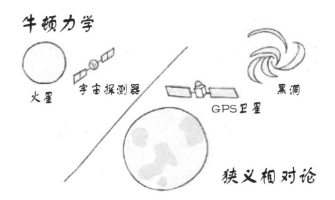

　　——不知怎地，那位外甥使劲地摆手否定。到底怎么回事？刚才不是说发射宇宙探测器的时候用牛顿力学就行了吗？宇宙探测器都可以，为什么卫星就不行呢？与宇宙探测器相比，发射卫星不是简单得多吗？

"为什么不行呢？这么说吧，因为GPS卫星的情形，会出现时钟变慢的现象。"

"时钟变慢？什么意思？"

"比方说，使用手机的GPS功能。所谓GPS就是从在2万千米外的太空中绕着地球转的GPS卫星向地球传送位置信息，对吧？GPS功能手机和GPS卫星彼此都带有确定时间的时钟，如果手机的时间和那些GPS卫星的时间不一致的话，手机接收到的位置信息和GPS卫星所发送的位置信息就不一样了。"

"就是说手机和卫星的时钟乱套了？"

——为什么时钟会乱套呢？简直无法理解！

就在这时，从后面榻榻米座席那边突然传来一阵大笑声。喂，拜托，请安静点好吗！搞得我什么也听不见！

"嗯，GPS手机和GPS卫星的时钟必须是同步的。在牛顿力学的计算当中，即便是有重力或者加速度的作用，时钟也不会变慢。但是，用广义相对论来计算的时候，时钟会变慢。如果不对这个时钟变慢的情况进行修正的话就乱套了。因为高度2万千米处的重力和地表上的重力相比，地表的重力更强。在广义相对论当中，重力越强时钟越慢。"

"变慢呐。"

——嗯？重力越强时钟越慢？是因为时针变重了走不动吗？

"这样时钟就会忽快忽慢。由于GPS卫星的时钟忽快忽慢，所以必须进行修正校准，而且实际上也是这么做的。"

重力较弱

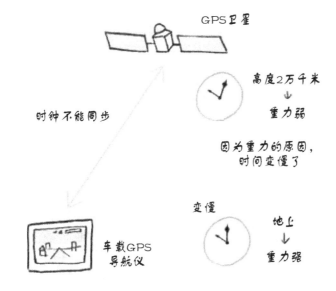

GPS卫星

高度2万千米
↓
重力弱

时钟不能同步

因为重力的原因，
时间变慢了

变慢

地上
↓
重力强

车载GPS
导航仪

"是这样啊，不能用牛顿力学而是要用广义相对论。"

"的确重力很弱，但是地球表面的重力和高度2万千米的太空的重力相比还是有很明显的差距，因此必须使用广义相对论来处理。"

"比方说，地球上的GPS仪器的时间是10点，GPS卫星上的时间看上去是10点过5分或者10点10分什么的，是这样吗？"

"是的，GPS卫星那边的时间会不同。"

"哦——2万千米高空的时间呐。这么说还是GPS卫星的时间跑得快，是吧？"

"地表上的时间变慢，所以说GPS卫星的时间跑得快。但是我们是按照地表上的时间生活，所以必须对GPS卫星的时间进行修正。"

"让它慢点跑？"

"对，进行严格地修正后按照地球时间重新设定……"

"被你这么一说，我都不知道时间到底是什么东西了。"

——我也是，从前面开始一直都是晕的。宇宙空间的重力较弱的时候，时间跑得比地球表面快？是因为时钟的指针变轻了？嗨，酒喝没了。老板，再来一壶。然后来一份腐皮素卷。

"按照牛顿力学的常识，宇宙中的时间流是唯一的。而爱因斯坦认为：宇宙当中有无数个时钟，也有无数的时间流。这就打破了牛顿力学的常识。"（水的流动叫做水流，电荷的流动叫做电流，如果把时间比作一种东西，那么时间的流动，就叫做时间流，宇宙中存在各种各样的时间流，而且每条时间流都不尽相同。——译者注）

"这样的话，我好像感觉你说的这个时间概念和我们平常用的几点几分这种时间不一样，是一种在更广阔空间里变幻的感觉。"

※更准确地说，除了广义相对论修正之外，还要做狭义相对论修正。不过，广义相对论的修正要大得多。

"这才是相对论的最大意义。比如说，时间的刻度也是相对的。不存在一个绝对正确的时钟。但是牛顿主张的是绝对的时间、绝对的空间，认为宇宙中存在一个由神掌握的绝对正确的时钟。在牛顿的观念里，宇宙时间这个东西是完全确定的，如果你的时钟和这个宇宙时间不一致的话，是你的时钟坏了。"

关于时间流动的认识

牛顿的常识

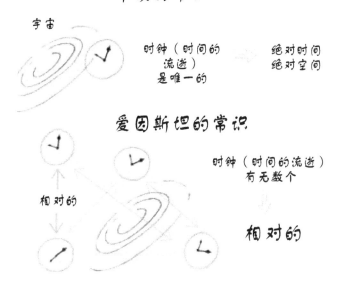

"原来如此。"

——通常不都是这么认为的吗？时间的流逝到哪不都是一样的吗？虽然说有时差和日更线什么的。

"不过，无论你多么精密地维护你的时钟，由于重力的变化，它还是会跑偏的。这就是爱因斯坦广义相对论意义最大的地方。也就是说，宇宙中存在无数的时间长河。每条时间长河里都有各自的时间，没有哪条时间长河里的时间是绝对正确的，彼此的时间是相对的。"

——这个宇宙中有很多时间流！？我很吃惊，差点就把酒壶给打翻了。到底这些想法是从哪来的？不，应该不是这位外甥想出来的……爱因斯坦怎么就能想到这些和现实世界相去甚远的地方呢？

 "时间这个东西真让人搞不懂。说到时间，无论如何都会联想到我们日常生活的钟表。但是，相对论不是这个钟表的事，而是活动状态，所有生物的活动状态，是这么理解吧？"

 "对，所有的活动状态。"

 "也就是说，一种变迁吧。"

 "是的，一种变迁。"

 "哦——原来如此。我们地球上的变迁还算是一种慢节奏生活呐。"

 "和GPS卫星比较是这样。也就是说，受到重力影响的话就变成慢节奏生活。不过，对于生活在地球上的人来讲并没有这种感觉。"

——哈，慢节奏生活呀。并不是说钟表指针的事情，而是在说类似我们生活节奏一样的东西。

 "那么，地球内部越深的地方，时间不是就更慢了吗？"

 "不对。在地球的表面重力是指向地球中心的。但是到了地球的内部，由于四周都是物质，情形就不同啰。"

——外甥这边一边说一边怪兮兮地笑。谈到物质什么的，这个男子就会流露出莫名其妙的愉快表情。

"是吗？重力不是越来越强吗？"

"到了地球内部，就要被四周拉拽了。"

——被四周拉拽？谁？拉拽谁？哎呀呀……受不了啦！

② 土行孙的无重力漂浮

"牛顿所著的《自然哲学的数学原理》一书中这么写道：'如果球面的各点受到彼此相等的与距离平方成反比的向心力的作用，那么位于球面内的微小物体，由于这些力作用的结果，任何方向都不受力。'"（出处：《世界名著31牛顿》命题70。中央公论新社出版）

"和以往一样净是些晦涩难懂的话！"

"那我简单明了地翻译一下吧。"

"拜托啦！"

——真的拜托啦！我也从来没有读过牛顿的什么原理这本书嘛。

"总的来说，把地球当成是一个球壳，进入球壳内部的时候就感觉不到重力了。进入到球形的空洞里面重力就为零了。"

"你在说什么呀？"

——这时那位外甥从背包里拿出记事本和圆珠笔，好像开始在画图。唔——从我这很难看清楚。我假装挪了挪我的包，稍微侧过了身子。

 "重力符合平方反比法则。比如这样反向划线，那么我们来计算来自KL部分的力和来自IH部分的力。"

 "你那些符号我可看不明白。"

 "牛顿呐，简单地说就是用几何的方法构建出了重力理论。所以这些符号就是牛顿原著中的符号。"

 "你是想让我感觉一下原著的味道，才用原著的符号吗？"

——我也能理解吗?

 "假设有一位土行孙钻到了P点。"

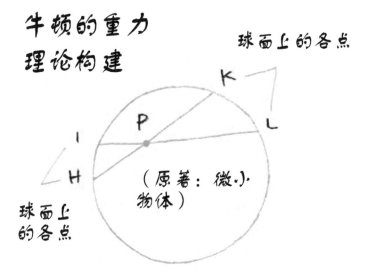

——土行孙！前面说的是外星人，现在要说钻地的土行孙？！

"原著中 P 点是个微小物体，是吧？"

"嗯。P 到 KL 的距离远，但是 KL 弧线更长，所以 KL 部分的面积上重量更重。反过来看 IH，P 点到 IH 的距离短，IH 部分的面积上重量更轻。用牛顿的平方反比法则计算一下，就会发现：KL 对土行孙 P 的引力和 IH 对土行孙 P 的引力是相等的。"

牛顿的重力理论

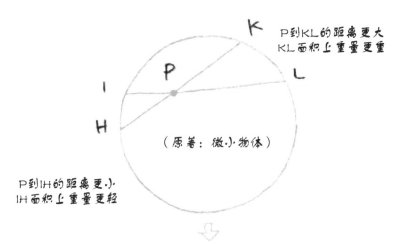

P到KL的距离更大
KL面积上重量更重

（原著：微小物体）

P到IH的距离更小
IH面积上重量更轻

用牛顿的平方二反比法则计算

KL对土行孙P的引力＝IH对土行孙P的引力

"也就是说，两边的力就像拔河那样旗鼓相当。"

"就是这个意思。"

——什么，什么？不太明白，距离远的这边面积上的重量重，距离近的这一边重量轻？那不管怎样，就是两边平衡了？

"土行孙钻到地壳内任何地方都是一样的吗？"

"不管它钻到哪里，受到的重力都是零。球壳厚一点薄一点也是一样为零。所以即使钻到了地球的中心，土行孙也感觉不到重力的作用。换而言之，在空洞内部的任何地方都感觉不到力的作用。"

"土行孙在地底下是个什么状态呢？"

"飘浮状态吧。根本感觉不到力，也就是失重状态。"

"这样的话，如果能造出类似的装置的话，就能制造出失重状态啰？"

"能啊！"

"真的？"

"这可是牛顿在他的原著里证明了的。"

"已经证明了？这可真是了不起啊！"

"但是，实际的天体不可能是一个球壳。因为球壳自身由于重力作用会坍塌的。"

"什么？"

"逐渐地坍塌，坍塌到某种程度的时候，物质之间的引力和另外的排斥作用（压力）达到平衡。"

"那又是什么？"

"天体的中心会变得高温高压，如果是恒星的话，内部就会发生核聚变现象。"

"是因为纯粹的理论与现实不同？"

——即便是如此，牛顿也真能异想天开，不单是苹果砸到头上就发现了万有引力啊。

"牛顿已经证明了的命题当中还有一个很有趣的东西。"

"是什么？"

"地球外的外星人会在什么方向上感觉到重力？"

"这回又到地球外了？"

——就连牛顿也琢磨过外星人的事情？！

"'与前述命题作相同的假设，那么可以断言处于地球外的微小物体将受到方向指向地心、大小与到地心的距离成平方反比的力的作用。'（出处：《世界名著31牛顿》命题71。中央公论新社）从原著原原本本地引用过来，似乎感觉严肃生硬。"

"有点触摸天才智慧的感动哦。不过，太难了，给我讲解一下。"

——那位外甥把记事本翻过一页，这回画了两个圆。这个男子能够优雅地谈牛顿的原著，可是图画得真不怎么样。

我一边嚼着腐皮素卷，一边费劲地盯着那位外甥正在画图的手。

"我在这里画了两个球壳。现在考虑球壳上灰色带部分对球外P点上的外星人的重力作用的情况。首先，IH的部分对P点上的外星人施加方向指向右上角的引力，用箭头PI表示。同时，带状部分中与IH相反一侧（图的下方）的部分对P点上的外星人施加方向指向右下角的引力。这样经过矢量合成后，结果最终的合力是指向中心的。"

"嗯——虽然是指向右上角和右下角的引力，但实际上重力是这里两个力的矢量合成，外星人感觉到的重力是合力PS，是这样吧？也就是说，P点上的外星人只能感觉到重力是指向地球中心的。"

地球外感觉到的重力

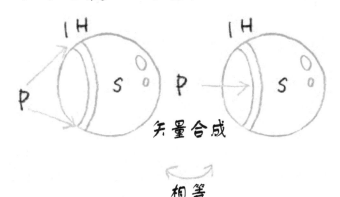

矢量合成

相等

——唉？图看不清楚，光听说话听不太明白。不管那么多，难道不到地球的外面就感觉不到重力吗？要说为什么这么问，刚才那位外甥好像不是说过土行孙在地球内部是感受不到重力的吗？

"当然球面上如果画其他的带状部分来考察，结果都是一样的。从结论上来讲，无论外星人自己的大小如何，它所受到的来自球体的引力一定指向球的中心。"

"原来如此。"

"牛顿力学大受欢迎的一个原因就是：无论多么大的天体都可以看成一个点，认为天体的全部质量都集中在这个点上就行了。即使用一个点来代替具有空间体积大小的物体，也不会改变计算结果。所以说天体力学的计算很简单。如果不这样做的话，就必须将地球上所有的部分产生的引力都加起来计算。但是实际上这样的计算是无法进行的。这也是牛顿在《原理》（《自然哲学的数学原理》一书的简称。——译者注）这本书里证明了的结论。因此，把天体近似看成一个点进行计算。这样做计算起来就简单了。"

"哦——和拔河时绳子两边的力旗鼓相当的道理是一样的，对吧？"

"一样。真是一样的道理。"

"原来如此，原来如此。"

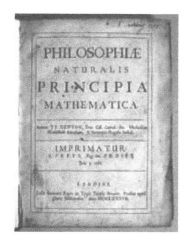

艾萨克·牛顿
《自然哲学的数学原理》
1687年 第一版
金泽工业大学图书中心收藏

——我可是完全没有搞懂！大脑已经乱成一锅粥了。老板，再来一壶。

"所以说，牛顿的《原理》这本书是相当了不起的一本书。对前面讲的那些东西，进行了认真严密地证明。"

"但是，它最早的思想起源让人感觉有点像外行。"

"是啊，所以说重力这个东西非常有意思。"

——重力非常有意思，这是一种什么感觉呢？这位外甥的脑袋是怎么长的？

③ 从牛顿到爱因斯坦

"可是，爱因斯坦认为重力和加速度等价对吧？"

"爱因斯坦把这些都吸收归纳起来，提出由于重力的缘故空间发生了弯曲。但是在牛顿的力学里空间不是弯曲的。为什么这么说呢？在牛顿的力学体系里，首先存在空间，空间里面存在物体，物体具有质量，受到重力作用。但是爱因斯坦可不是这么想的。爱因斯坦把宇宙整体当成几何学问题来考虑，认为空间是弯曲的。空间弯曲是怎么一回事呢？比如，如果按牛顿的观点，空间里有一个太阳，地球绕着太阳转。但是按照爱因斯坦的观点，用几何学的方式来考虑这个事情，那就成了这样：地球在一个摇摇晃晃的像钵子一样的东西里面咕噜咕噜转。空间不是平坦的，某些地方而是有点绵软凹凸下来的感觉。比方说，在绵软不平的钵子里弹一下玻璃球，玻璃球不会落到钵子的底部，而是在钵子的内壁上咕噜咕噜转。假如一点摩擦力也没有的话，玻璃球会一直转下去。不过，要是玻璃球的劲头不大的话，慢慢地被中心吸引落到钵子的底部。爱因斯坦用这样的一种印象考虑宇宙。所以，空间是弯曲的，就是说有重力存在。"

"对空间的认识和我们完全不同的呀。"

牛顿和爱因斯坦的空间

牛顿的空间

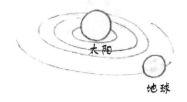

太阳

地球

有一个空间，
物体在空间里
物体有质量
受到重力

爱因斯坦的空间

玻璃球

球没劲了被
中心吸引落
到底部

空间是弯弯曲曲的，
存在重力

——空间弯曲了就说有重力存在？空间真的是弯曲的？弯弯曲曲的，那不麻烦了吗？

"是的，牛顿和爱因斯坦对空间的感觉是完全不同的。牛顿认为空间就像是一个既成事实，不可改变。也就是说空间是一个常数，普遍的常数。但是爱因斯坦认为空间是个变量。空间也好，时间也罢，都是某种意义的动态活动，变得弯弯曲曲的。"

"最初是因为什么才想到这个观点呢？"

"嗯——"

——我盯着陶瓷酒盅里的酒，陷入了思考。时间、空间都是动态活动的……摇动酒盅，里面的酒也跟着摇晃，和这个现象是一样的？

但是，酒的情形，外面有酒盅这个容器的啊。宇宙难道也是放在某个容器里吗？

"比如我们说到重力的时候，相对于以前的思维方式不是大相径庭吗，总得有什么缘故让人想到这些东西吧？"

"最开始并没有想到重力。爱因斯坦是从狭义相对论开始考虑时间、空间问题的。在逐步深入的过程中……"

"从狭义相对论开始的。"

——说到狭义，的确是简单的。小菜碟中的酱油那部分，和加速度呀重力什么的没有关系的那部分理论，对吧？

"是的，实际上在狭义相对论里面，时钟也会变慢。狭义相对论是讨论匀速运动的系统之间的关系的理论。比方说，两枚火箭在太空中相向而行的情形。小明坐在火箭A上，小强坐在火箭B上，当火箭A上的小明拿起望远镜看从对面而来的火箭B上的小强戴的手表，看上去小强的手表好像走得慢。也就是说，看对方的手表就像是看电影慢动作一样。不过，现在反过来，让小强看小明的手表，小强看到的也像是电影慢动作。"

"只要是看对方的手表都会像电影慢动作？"

——哈？说什么呢？

"彼此看对方都像是慢了。因此，在这样的情形下讨论谁的手表时间是正确的这个问题就毫无意义了。这就是所谓的相对性。"

"哦——所以叫相对论呐。"

——越来越搞不懂了！

狭义相对论中的时间变慢

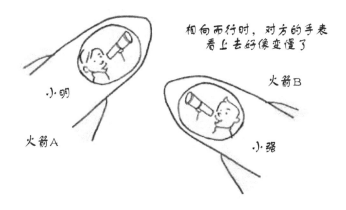

相向而行时，对方的手表
看上去好像变慢了

小明

火箭A

火箭B

小强

"爱因斯坦打了个这样的比方。把手放在热烤箱上待1分钟试试，你会觉得好像过了1小时。和漂亮的妹妹一起坐1小时看看，你会觉得才过了1分钟。这就是所谓的相对性。从爱因斯坦这段话可以知道，心理学层面的时间是因所处的状况和同伴的不同而变化的。所以'相对'是理所当然啰。但是一说到物理学层面的时间，人的大脑突然僵硬起来，抱怨相对性简直就是脱离常识。"

"仔细想想，是有点奇怪。"

——哈哈，热烤箱和漂亮妹妹的比喻还是可以理解的。但是，电影慢动作的比喻可是一点也搞不懂啊！

相对论和心理学层面的时间

仅仅1分钟就感觉像1小时　　过了1小时感觉只有1分钟

心理学层面的时间因状况、对象的不同而变化

这就是相对性

"正是！比如在相对论刚刚发表的时候，法国的哲学家安里·贝尔克逊就提出反对。贝尔克逊把与物理学时间不同的生物所具有的时间流归纳为'纯粹连续'的概念，认为这和爱因斯坦所说的时间是不同的，由此展开了争论。"

"有过这样的争论呐。"

"爱因斯坦的时间概念确实有让人摸不着头脑的地方，曾经有一个时期根本不被人接受。"

"是啊，可以理解，他的概念是有点让人丈二和尚摸不着头脑。"

——我也很能理解，这种摸不着头脑的感觉。

"关于相对论，认识到没有所谓的绝对标准这一点非常重要。只要理解了这一点，相对论这个理论就不难了。"

"也就是说，在相对论里面不存在一个绝对的尺度，仅有一个尺度的话就无法观测了。"

"对，每一个体系都有各自的尺度。"

"有点像个人主义。"

"是的，各有各的标准。"

"这和心理学层面的时间是一样的啊。"

——每个人有每个人的尺度（尺子、钟表等度量空间距离和时间的标准。——译者注），是这么回事吧？比方说，我在喝日本清酒，那位外甥却在喝红酒。喝的速度当然也不同。

"不存在统一宇宙整体、测量宇宙整体的标准。"

"你说的意思我好像懂了。也就是说，爱因斯坦这个人的观念是横空出世、无比新颖的。"

"是的，我们说1905年发生了人类历史上的巨大革命，就是这个意思。"

"我大体上明白这个相对论了，但是还谈不上掌握了。"

"不掌握也没有关系嘛。用欣赏足球比赛的心情欣赏学问就行了。又不是要成为这方面的专家，轻轻松松了解一下不也挺好吗？"

——嗯。对相对论这样的学问，不必强迫自己一定要理解它，从外面往里瞧瞧个中风景也挺好的。简直和我现在的状况一模一样。就像是看有趣的电视节目一样，我美滋滋地听着两位男子的谈话。

所谓的相对性

没有统一整体、
测量整体的标准 $\Rightarrow$

相对论

$\Downarrow$

1905年的大革命

④ 哲学用大脑，科学用电脑

"我不知道物理学这门学问到底该从什么地方开始学。"

"物理学表述方面的差异确实是存在的。前面说过广义相对论是根本，牛顿力学是一种近似。实际上物理学当中有很多的理论，可以说是群雄割据的局面，而且层次也各不相同。比如说，要描述宇宙整体这个层次有爱因斯坦的相对论，不过描述我们普通的物质层次的话牛顿力学就够了。但是，到了更小的物质层次，就得靠量子力学这个理论。各种理论的连接点非常微妙。的确需要通过某种数学演绎，才能明白各种理论彼此是联系在一起的，这种联系感觉好像是很多的梯子连搭在一起。连接点很多，方向也很多，有的时候好几个梯子并排。比如要问能不能用微观世界的量子力学来解释我们日常生活中的运动呢？答案是不可能。日常生活中的运动必须用牛顿力学来处理。表述上的差异有很多，但是关于这个表述的差异，物理学家和数学家都不怎么谈论。"

——不是太明白。是说物理学的世界简直就是迷宫一样的世界？

看着碟子里剩的生鱼片装饰，我想象着物理学的世界。这边有一大片紫苏叶，萝卜丝缠缠绵绵地变成了梯子，连接到紫苏叶的小芽孢上……中间是主角生鱼片，这就是我们的世界或者是类似的什么？

"各种各样物质层次的理论中，从非常小的地方逐步说明到宏大的地方，这中间必须爬好多个梯子，是这种感觉吗？"

"是的，根据不同的适用范围。超出了那个理论的适用范围事实上就无法计算了。有时是因为计算量巨大，有时则是因为根本就没法计算。结果就是这个理论不能用了。"

"是不是说，假如想要用广义相对论来解释所有物质层次的问题是可能的？"

物理学的理论

相对论　　　　　牛顿力学

量子力学

基本粒子
理论

重整化理论　各种理论都有其适用范围
　　　　　　需要多种理论

"就算是使用广义相对论，量子力学的问题也是无法解释的。广义相对论是用来说明终极巨大层次的理论，量子力学则是用来说明终极极小层次的理论。不过，要是有重力和量子结合到一起的所谓的重力量子论的话，或许可以说明全部。实际上这就是前面提到过的终极理论的思想。"

"啊——"

——把最大的东西和最小的东西统统拿下，可能吗？哈哈，所以才称其为终极？

"所以呀，物理学家们正在雄心勃勃地证明终极理论。如果有了这样的一个理论，所用的现象都可以从它出发加以解释。"

"不过，现在还没有证明出来吧？"

"还没有。但是，已经有了一个叫做超弦理论的候补理论。世界上的物理学家为什么要绞尽脑汁研究超弦理论这样的连存在不存在都无从得知的理论呢？是因为想要追究所谓的本源主义。终极本源主义的思想就是把包罗万象的事物都归结为唯一的本源，从这个唯一本源出发解释一切。本源主义这个东西是西方的思想。乐高积木这个玩具还记得吗？有一个最小的积木（相当于超弦），从这个最小的积木开始形成了整个宇宙。就是这样的一种思想。"

"这很荒唐啊，好像有点牵强。"

——的确。把这个世界的所有的东西归结为一个东西，这样牵强的想法令人无法接受啊。

超弦理论是怎样诞生的

包罗万象 所有的 ⟶ 终极理论
└ 候补：超弦理论

乐高积木　　　　形成宇宙

"嗯。东方人的想法就不是这样的。东方人的想法是：是什么样就什么样，把世界作为整体来接受。理解整体、理解现象这种整体主义的想法和把整体分解、一直追溯到最后最小的起源的本源主义主张，一直争论不休。"

"是这么回事呀。"

——哈哈，科学的世界里也有这样的争斗啊？似乎，有点像公司内部的会议。

⑤ 网络是整体主义

"现在网络理论经常出现在科学新闻当中。所谓网络理论是说无论什么地方都存在网络，所有的地方都是相互联系在一起的。因特网（internet）也是如此，如果只考虑网络中的单个要素或者是存在相互联系的一小部分，就无法解释整个网络的行为举动。不考虑整体全部的联系就无法搞清楚。这个问题用本源主义的思想就解决不了，怎么说呢，还是整体主义的思想好用一些。这只是整体主义好用的一个例子。"

所谓的网络理论

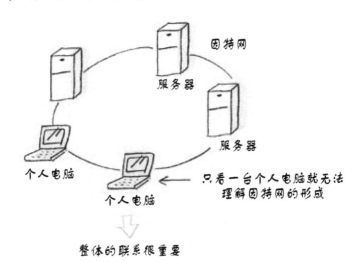

因特网

服务器

服务器

个人电脑

个人电脑

只看一台个人电脑就无法
理解因特网的形成

整体的联系很重要

"哈——是这样的呀。这个似乎还是可以理解的。那么，在做理论研究的科学家的观念里是不是也带有东西方思维的差异啊？"

"我想应该有。朝永振一郎先生获得诺贝尔物理学奖的时候，出现过一种具有东方色彩的类似于放弃的思想。曾经有过这样的问题：如计算时出现无穷大结果就变得无法预测了。有人就说，这个时候用普通实验室测量到的实验值代替计算不就行了嘛。这是极具东方色彩的想法，因为自然界就是那个样子的，用实测值代替就行了。这种想法被称为重整化理论，从西方的思想来看简直无法忍受。为什么呢？西方思想的骨子里就是想从理论上而且是终极起源出发来回答'这是可能的吗？'但是东方的思想是：这个就是这样的,这么办就妥了、行了,就这样把事情了结了。"

"这样会留下很多不清不楚的地方。"

——重整化理论……这个理论头一回听说。这位外甥从什么地方获得的这些知识呢？还有，科学家的思想里会出现东西方差异，不知道到这是为什么？要这么说的话，难道说由于国家不同实验结果什么的会不同？

"是啊。不过两种思想都是必要的。如果单单用本源主义的思想，就会出现弄到一半却无论如何也联系不起来的窘况。比如人类基因组计划在2003年完成，研究已经告一段落。人类的DNA全部都分析完了，当初以为DNA全部分析完了之后就可以解决人类遗传基因问题，可是现在分析完了，明明白白搞清楚了DNA，却根本治疗不了相关的疾病。"

"真是这样。"

——确实如此……虽然通过人类基因组计划知道了很多很多，却很少听到开发出了能够治疗遗传病的药物或者说能够预防什么疾病。

"这是为什么呢？原因就在于虽然搞清楚了DNA的构成要素，但是对各要素之间的联系方式，也就说对关于联系网络的情况却一点也不知道。"

"网络啊。"

"如果不知道网络的联系方式，就不知道整个网络怎么活动。也就是说，尽管搞清楚了DNA的构成要素，但是不知道人是如何活动的。"

为什么治不好病?

 2003年
DNA分析

 联系方式不明

人类遗传基因　　无法对付多个
遗传基因互相
有关联的疾病

 "确实是这样。"

 "因此,就有了人类表观基因组计划。这个计划不仅仅是针对DNA的构成要素,而是以研究各要素的联系方式为目的。"

 "但是话说回来,也有很多事情只要知道了DNA的要素就可以解决,不是吗?"

 "是这样。某个特定遗传基因引起的疾病就好办,但是有多种原因纠缠到一起的时候就不知道了。而且,大多数情况是多个原因纠缠在一起的。"

　　——他刚说的是人类表什么计划? 仅仅知道遗传基因,什么问题也解决不了,是这个意思吗? 曾经那可是轰动一时的研究呀! 意思是说，不光是DNA的构成要素很重要，各构成要素之间的联系更重要？

人类基因组计划之后的研究计划

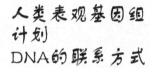

人类基因组计划
DNA的构成要素

人类表观基因组
计划
DNA的联系方式

⑥ 相对论的哲学、共同主观性

"回到刚才相对论的话题。要理解相对论，必须重视各个系统的尺度，是这样吧？"

"对，换句话说就是必须牢记自己所处的位置。比方说，你要观测某个物体。过去认为只有被观测的对象是最重要的，它和做实验的人以及观测装置没有什么关系。但是现在可不同了，相对论和量子论的情况差不多，用观测装置观测某个物体时，认为观测者和被观测者是相互联系在一起的。如果不这样处理的话就不好办了。"

"啊？还与观测者有关？"

"就说相对论的情形吧，观测对象的时候就要考虑用哪一方的时间来观测对象。"

"是因为从相对论的基本观念来说，不存在绝对的尺度。"

——不存在绝对的尺度……真是多少有些让人感到不安的话题。那么照这个想法，我这样偷偷地观察那两个人，无意识当中那两个男人也在观察我？快别琢磨这个，说不定店老板正在观察我和这两个人，在看着这边的情况呢。

"是的，相互的关联性非常重要，谁观测谁这样的关系，也就是所谓的主体和客体的关系现在无法分离。过去的哲学里，主体和客体是分离的，也叫做主观和客观，现在主观和客观是无法分离的。"

主观和客观

观测　　　观测

主观和客观无法分离观测

相对论

"嗯，这个明白了。分开来说是主观和客观，实际上是一个东西。"

"因为无法分离，哲学上就用'相互主观性'或者'共同主观性'这样的术语来表述。"

——相互主观性？共同主观性？这又是什么呀！？

"嗯，嗯，嗯。"

"这是从物理学最前沿产生的观念，无论如何主客观都无法分离。相对论、量子论也是主体和客体无法分离的理论。"

——量子论？是什么？

"主客颠倒了。"

"是啊，你认为你正在观测对方，实际上对方也在观测你。也就是说，我们现在了解到了这层事实。"

"嗯，似乎听懂了。"

"现实社会的人际关系中，也存在类似的地方噢。"

"搞得不好，人如果再稍稍进化一点的话，恐怕在日常的思考中很自然就变成这种思维了。"

"是啊。现实社会中人非常重视对方怎么想而不是自己怎么想，对吧？客观上，有另一个自己在某个地方，把两个自己当作整体来考虑。重视着眼点（视点）的生存方式和相对论思想很相似。"

"是这样。"

——视点意识？还有一个自己正在看着自己？是不是可以说，另一个我正在某个地方看着我在小酒馆里偷听别人聊天？

"说到视点意识，在1905年左右的毕加索的立体派绘画中就有
了。毕加索没有学过相对论，但是在他的绘画世界里自然地流
露出来了非常强烈的视点意识。在那之前，都是强调如何正确
地描画出从一个特定视点看到的图像——这是透视画法的一贯
追求。但是毕加索却在想：在一张画布上同时描画从多个视点
看到的图像的话会如何呢？所以毕加索的画里，尽管眼睛朝着
正面，但鼻子却是朝着侧面的。或者女性的后背朝着正面，但
是头却朝向侧面。那可真是把从不同视点看到的状况一起描画
出来了。"

毕加索画中的秘密

把从多个视点看到的状况描画在同一张画里

88

"通过画来阐述了相对性。"

——毕加索通过画来表达相对性？毕加索的那些奇妙的画是从不同的方向来感知事物吗？要说我喜欢什么样的话，我觉得我还是更喜欢达利的画。

"强调存在多个视点，决不是要分出哪个视点是正确的，而是强调视点是相对的。毕加索的画所表达的观念和相对论所表达的观念是一样的。有趣的是物理学的相对论和绘画中的立体派在1905年前后基本同时出现，爱因斯坦和毕加索彼此之间却没有交往，从事的工作也不同，但他们非常偶然地同时提出了同样的观点。"

"本质上他们的思想是相同的。"

"在人类文化的发展过程中，科学和艺术是分开发展起来的。"

——爱因斯坦和毕加索有共同点……还有，这位外甥真是充满奇思妙想的家伙，关于人类的文化发展……

爱因斯坦与毕加索

阿尔伯特·爱因斯坦
1879—1955

帕布罗·毕加索
1881—1973

1905
狭义相对论

1909—
立体派

⑧ 广告作家、物理与心情

"广告作家这个职业，好像有点和我们的话题不搭界，基本上都是多视点思维。也就是说，总是试图变化视角。"

"总是要变换视角哦。"

——呃。这位舅舅难道是位广告作家？说起广告作家，通常给人一种穿戴很随意的印象。可是这位舅舅总是西装领带。

"是的。还有最近的流行潮流很有意思。比如过去常说：遇到事情换个角度想想。这个说起来是再好理解不过的事情。就说玻璃杯吧，看杯底是圆的，看正面是四方的，完全不同。一直都是这么说：要变换角度。但是现在，说这句话的时候不考虑心情的话可就坏了。"

"心情？"

"对，心情。比方说，看透着炫目光彩的玻璃杯杯底的时候和从只能看见四四方方的玻璃正面的时候，由于看的位置不同会引起人的不同的心情，这种感觉差异是存在的，对吧？广告作家特别重视这个东西。那么在物理学中这种心情差异不会成为问题吗？"

"说不定前面说的那个贝尔克逊觉得爱因斯坦的相对论不对，恐怕就是因为他自己忽略了心情的成分。"

"物理学中有加入心情的可能吗？"

物理与心情

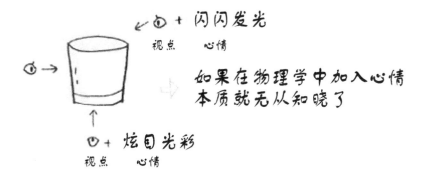

"物理学到底还是和心理学不同，心情这个东西也许无法表达。在物理学中，可能不去掉心情是不行的。"

——在物理学中去除心情？又来啦，让人搞不懂的表述。

"那是为什么呢？"

"那样的话会变得无比复杂。物理学经常干的事情是把实际存在的一些细枝末节忽略掉，只取出本质。从这个意义上说，是本源主义的。"

"嗯——搞来搞去又搞到本源主义这个地方去了。"

"根本上讲，就是只取出其中的一部分，先集中精力分析这一部分，这样一种思维方式。"

——明明有，却当没有？物理学是这样一种不靠谱的学问？和数学是完全不同的感觉啊。

"到目前为止听你说了这么多关于科学的事情，我个人感觉科学的世界和哲学的世界特别相似。"

91

"也许是吧。"

——现在又改哲学了！这两位，脑袋里到底装了多少知识啊？哎呀，又没酒了。嗯——再喝的话就有点过量了……怎么办呢？

"亚里士多德等古代的哲学家什么实验装置也没有，仅仅依靠大脑的思考不是也琢磨了很多东西吗？现在的科学家做的事情和他们有什么不同呢？"

"哲学家们做的是大脑里的实验（思想实验。——译者注），大脑里的模拟实验。这种实验现在也在做呀。"

"的确。"

——大脑里的实验？亚里士多德做了吗？

"在科学的世界里，这个叫做计算机模拟实验（计算机仿真。——译者注）。大脑里想的模拟虽然也很重要，但是想要稍微现实一点、数值化一点的话，还得用电脑而不是人脑。"

"做理论模拟？"

"是的，利用计算机进行数值计算来模拟，大致是这样一种感觉。"

"这个地方和亚里士多德他们是完全不同啰。"

——古代用人脑做的实验，现在用计算机取而代之，是这么回事吧？

"古代没有计算机啊。计算机从某种意义上说就像是计算方面特别神速的简化的人脑。思想实验也有，不过不是脑内模拟，而是计算机模拟。"

科学与哲学的区别

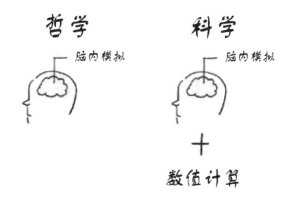

"也就是说，工具进步了。"

"更确切地说，可被我们利用的工具增加了。"

——说到这里，那位外甥长长地伸了一下懒腰。榻榻米席上的那一帮人正好要走了，在门口叽里呱啦大声地喧哗着。那两位的谈话声我已经听不清楚了。
"最近你好像很忙啊。"
"不，也谈不上忙。"

——那位外甥边说边笑，向店老板示意结账。哎呀，都这么晚了。待得太晚了……都怪这两位神侃了这么久。
"好吧，下周再见！"

"好嘞，我会来早一点，在附近的街巷里溜达溜达。给我打电话。"

——说着，两位开始准备回家了。听刚才的话，那位外甥似乎不是在公司上班的那种工资族。

那两位男子拜托店老板叫出租车，然后便走出了店门。下周我还能再见到他们吗？要是可能的话，真想加入到他们的谈话当中……真是，人家会让一个不认识的人加入到谈话当中？下周还是尽量早点来吧，免得到时候没有位子。

世界的本质是简单的！
探寻本质的夜晚

让我期盼了一周的两个男子果然在周五晚上如期而至。从最小作用量原理到对称性、超弦理论以及相对于文学的换位。听着这样的谈话内容，我的脑海里也禁不住浮想联翩……

第三夜
世界的本质是简单的！
探寻本质的夜晚

横滨元町的商业街上，人行道边的灯饰特别漂亮。栽种在花盆里的那些树木上面挂满了蓝色的小灯，简直就像是走在星光大道上。

我从石川町车站朝着元町匆匆地走着。今天我要尽可能地早点到那家小酒馆，先占个座位。今天是公司刚发完工资后的周末，小酒馆里一定客人很多。

无意中视线伸向了远方，在前面几米的地方，一个似曾相识的背影映入眼帘。背部宽大又有点驼，原来是之前的那位外甥。总是穿着那件大衣、背着那个黑色的背包到那家小酒馆。他漫不经心地一边走一边看着商店的展示橱窗，不时停下来站着，仿佛是要挑选什么东西。等他走开之后，我也看了一眼他看过的商店。原来是一家女性饰品店。什么呀？他要给谁买礼物？

他拐到小胡同里头去了，前方就是常去的那家小酒馆。为了让人感到自然，我故意拖延了一会，也推开了小酒馆的店门。

他坐在吧台最靠里头的座位上——那曾经是我的专座。他把那个黑色的背包放在了旁边的椅子上，这是为了给他舅舅占座吧。也许是时间还早，店里还没有到满员的地步，但是餐桌和榻榻米基本上已坐满了客人。

我坐到了他放背包的那张椅子旁边的位子。不知怎地，心情忐忑地看着菜谱。

过了不大会，个子高高的显得有点清瘦的那位舅舅推开店门走了过来。

"章夫舅舅来得挺早啊。我也是刚到。"
"没有，没有心情工作了，所以稍微提前些来这里了。"

两位都打开了菜谱，开始挑选酒和菜。

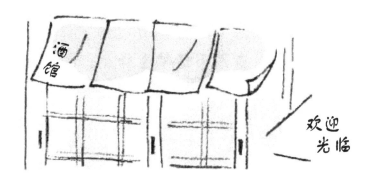

"今天我想聊一聊最小作用量原理。之所以想聊这个话题，是因为相对论也好其他理论也好，都可以用这个原理来解释说明。"

 "呃，是这样啊。"

——哟呵，上来就聊啊？最小作用量原理？理解了最小作用原理就能够理解相对论？那一定得听听哟。

所谓最小作用量原理

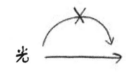
光

不走费时的弯道
光走直线

自然而然地选择
最省时的路径

最小作用原理

 "光是走直线的，对吧。为什么光走的是直线？就是要说这个问题。为什么光不走弯道而只走直线呢？因为直线路径最不浪费。也就说，最小作用原理的意思就是自然而然地选择最省时的途径。尽管不知道其中的理由，但是最小作用原理是所有物理法则共通的完美原理。"

"这好像不是浪费不浪费的事情呀？"

 "换句话说，可能应该说：效率最高的途径。'作用'这个词有点像是我们家庭开销中出现的赤字。"

 "因为有浪费所以出现赤字，是这个理吗？"

 "是的，自然界天生就是这个样子：总是让赤字尽可能得小。"

——哈——自然界这个东西怎么会调配得如此合理？而且堪称最完美？

 "也就是说，我们所处的世界从本质上来讲是很简单的。"

 "是的，很简单！"

 "这听上去很有意思啊。"

 "当然啦。比如，牛顿的方程式也可以从最小作用原理推导出来。物理学通常被认为是从牛顿的方程式开始发展起来的，其实不尽然，这么说也无妨：这个世界的一切只是最小作用量原理。"

最小作用量原理支配着物理学

相对论

最小作用量原理　　　　量子论

牛顿力学

所有的物理法则共通的完美理论

"这是和我们生活很接近的话题，感觉很容易理解。"

——世界上的一切就是最小作用量原理？就是说没有浪费？

老板，今天来一壶"越之影虎"酒，来一份酱豆腐。冬季快要过去了。今天的小菜是香椿？

"嗯，虽然时节有点早，但是香味很不错。"

我赶紧拿起筷子夹香椿，这时那位外甥从背包里拿出几张纸，一边给他舅舅看一边说着。我继续吃香椿，装着无意的样子斜眼看那几张纸。

"最小作用量原理这个原理支配着整个物理学，学校的物理学课，教这个就够了。顺便说一句，作用，用英语讲就是action。"

"作用这个东西，具体指的是什么呢？"

"比方说，球从A点蹦到B点。这个过程中，所谓的作用量就是各个点上的球的动能和势能的差值。各个点上的这个差值是随时间时刻变化的。把每个点上的动能和势能的差值算出来，然后把所有各点的这个差值全部加到一起。时刻1，时刻2，时刻3……这样依次下去。这样最后得到AB路径上作用量的总和，对吧。如果这个球经过别的路径从A蹦到B，经过同样的计算就得到对应的作用的总和。路径不同，作用量的总和就不同。这样的话，对所有的可能路径都计算出作用的总和，结果你会发现：球实际蹦的路径是作用量的总和最小的那条路径。作用量，相当于经济学里的赤字。"

"作用量是能量上的赤字？"

所谓作用量

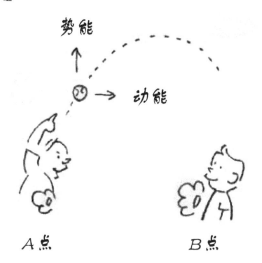

——呵，今天一上来就是难得不得了的话题。势能是什么玩意儿呢？不是说过作用量就是action吗？现在又说是赤字，到底是什么？

"对，要减少赤字可以采取各种各样的政策，但是最终走的是赤字最小的那条路线。人类世界是这么做，自然界自古以来也是这么做的。"

——这时那位外甥翻了翻背包掏出一个记事本，看样子是在写数学公式。然后，一边指着那些奇怪的符号式子一边说明。

"势能，比如说重力势能，假设质量m，高度h，重力加速度g，那么重力势能就是mgh。动能是$1/2\ mv^2$，其中v是速度。自然界努力使作用量最小，国家和家庭努力使赤字最小。"

作用量的公式

$$作用量＝（动能－势能）×时间$$

$$赤字＝（支出－储蓄）×时间$$

$$\int L dt = \int (T-V)dt$$

——说着说着，那位外甥笑了起来。原来如此！那些公式和记号我虽然不懂，但是明白了：自然界和我们的国家预算、家庭收支一样在努力地消除赤字。

"将质量为m的球抛向远处，球的轨迹是抛物线，对吧！"

——外甥在记事本上画了一条大大的抛物线，并在上面写了"抛物线"三个字。那是什么字？我没见过。（日语中"抛物线"的正确写法是"放物线"。——译者注）

"拜托写成'放物线'！"

"我觉得写成'抛物线'更能表现出运动的感觉。"

"真不愧是臭讲究。"

——两人一边抬着杠一边笑着。"真不愧"是在调侃什么呢？

"你觉得为什么会是特定的抛物线？"

"因为最小作用量原理。"

"恭喜你，答对了。假设起点和终点是确定的，过这两点可以有许多条抛物线路径，尝试这许多条路径，探索其中哪一条是最小作用量，也就是说走哪一条路径赤字最小。"

 "没听明白哦。"

——也就是说，探索效率最高的路径，是不是？

喂，老板，今天想吃点油炸的东西。有油炸豆腐？那好，来一份。

 "这个图里横轴是时间，纵轴是高度。实际发生的事情是把一个球竖直向上抛出去。经过1.5秒，高度达到10米。那么正好经过3秒到达终点。我们要讨论的问题是：要实现这样的运动应该选择什么样的途径最好？"

 "途径？"

 "比如说，是一口气冲到顶呢，还是匀速上升呢？"

最小作用量原理的抛物线

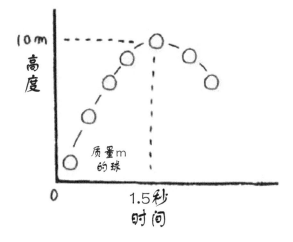

"但是，这不是通过牛顿力学的计算来决定的吗？"

"现在说的就是牛顿力学的公式是从最小作用量原理来的。所以，假设你不知道牛顿力学的公式，仅仅用最小作用量原理试着思考球的运动途径。"

——我把筷子扎进圆滚滚的油炸豆腐，举起来看了看。脑子里琢磨着把这玩意儿抛出去之后效率最高的路径……

"哦——明白了。"

"从图上可以看出，球要尽量地停在高处。要尽量在高处待久一点，就是因为要使作用量（赤字）最小。作用量的定义就是动能减去势能之后的差值。要使这个差值最低，就要尽量使各个时刻的动能小点而让势能大点，那么整个运动过程中这个值的总和就会变小。"

最小作用量原理的理解

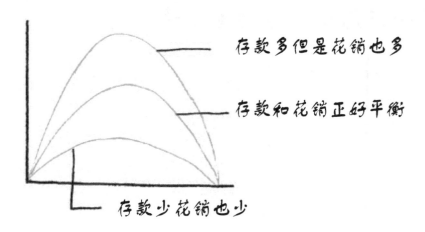

"动能相当于支出，势能相当于存款。快速冲到上面，从增加存款的角度来说很好，但是，速度冲得太快的话，动能（支出）就变大了，这不合算。以合适的动能，尽量高效地向上升，因此减少运动，保持小动能、大势能的状态，以便攒得更多。"

"是的，球希望尽可能地停留在高处。为什么呢？因为这样赤字就减小了。"

"是这样啊。"

——原来如此。是因为油炸豆腐要尽可能地停在空中。

"高尔夫球什么的也都是这样，打出高度才能飞得更远，正是要避免浪费。"

"对，真是这么回事。要避免浪费。"

——嗯，要避免浪费……我把最小作用量原理的油炸豆腐沾满了番茄酱，塞到嘴里嚼着。

② 费马定理来自最小作用量原理

"最有魅力的地方是，利用最小作用量原理可以导出所有的物理学方程式。"

"为什么会这样？"

"你问我，我问谁呢？哈哈哈，只有天知道。也就是说因为这是类似终极原理的东西。如果不知道动能和势能这个原理就没法用。但是一旦动能和势能都知道了，各种理论——不管是基本粒子的相互作用、重力的广义相对论、普通的力学还是流体力学——都可以推导出来。没有这个最小作用量方程推导不出来的物理学方程式。"

——那个"最小作用量原理"是如此了不得的原理？就算是吧，基本粒子的相互作用等，这些玩意儿我可是不知道……

"这个原理的专业名称是什么？"

"最小作用量原理。在光学中又称为费马原理。"

"费马呀。"

——费马这个名字，似曾相识。但是这个原理却没有听说过。

"费马原理就是：光总是走路程最短的路径。这只不过是最小作用量原理的一个例子。"

"哦——是这样啊。"

"光走的是最短路径。这可是小学或者是中学就会学到的原理。这也是最小作用量原理的一个例子啊。不过最早发现这个原理并不是费马，而是一个名叫莫佩尔蒂的人。不知什么原因人们没有记住他的名字，大家是通过后来研究这个原理的哈密顿、费马的名字知道这个人的。"

"说不清什么地方，总觉得这个原理有点宗教色彩。好像是根本性的东西，对吧？"

费马定律

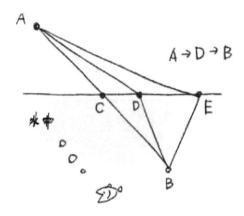

从A点到B点
光沿着最短时间可
以到达的路径传播

A→D→B

水中

 "这个真是根本性的东西。"

 "我们最终会得到这样的结论：世界上所有的事物运动的时候，自然而然地走效率最高的途径。"

 "对，是这样的。就是说自然界总是简单地变化，一点也不浪费。自然界遵循不浪费原则。"

——嗯——，自然界遵循不浪费原理呐。发现这个原理的是一个叫莫佩尔蒂的人，可是因这个而出名的却是费马，是这么说的吧？

起初觉得这是特别难懂的东西，没想到原来这么好懂。

③ 没人知道超弦理论是什么

——嗯——从这以后，我看不清那位外甥在纸上写了些什么。真该死！我坐的地方不对。要是光听他们说话就能懂就好了。

107

"在物理学中有一个被称为对称性的思想非常重要。"

"对称性？轴对称，旋转对称什么的？"

——对称性……英语是symmetry吗？我只知道左右对称这点东西。轴对称、旋转对称，是什么玩意儿？

"利用对称性，很多情形下不用计算就可以知道答案是'零'。"

——嗯？听不明白。是不是说，不用计算，事先就已经知道答案是"零"？

"但是，存在完全的对称吗？"

"几乎不存在完全的对称。大多数情形，对称性都被打破了。实际上对称性是被打破了的，但是我们认为在理想状态下对称性是存在的。尽管理想状态下存在完美的对称性，但是由于某种现实原因被稍微破坏了，然而我们仍然把它当作完美的对称进行近似计算。"

"是这样的想法呀。"

——呃？真正的对称性实际上是没有的，但我们仍然认为基本上对称？

"如果不这样考虑，那就无从下手了。"

"完美的对称是不可能的啊？"

所谓对称性

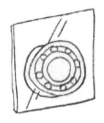

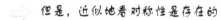

实际上对称性是不存在的

但是，近似地看对称性是存在的

"是的，首先利用对称性，不管三七二十一先把问题简化，这是物理学的常规手段。不这样做就没法计算。"

"那——比如说，有点类似真空中的纯粹的圆，无限地接近真正的圆，但是无论你怎么做它绝对成不了'真正的圆'。"

"哈哈，是的，是的。"

"那，现实是这样状况。"

"现实中的事物就是如此。"

"真正的圆是不存在的。"

——哦——这么说我就明白什么意思了。这个油炸豆腐团看上去是很圆的，其实绝对的圆是不可能的。

"对，这个原理非常有意思。有一个解释基本粒子的理论，被称为规范场理论，这个规范场理论也是从对称性而来的。"

广域对称性和局部对称性

将整体旋转

每个点旋转

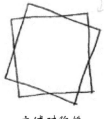
广域对称性

局部对称性

"规范场理论？"

"对，规范场理论。普通人要理解规范场理论是非常困难的。这个理论是从对称性出发最后导出力的结论，是一个非常有趣的理论。"

"它究竟是怎么回事呢？"

——规范？规范场理论是不是火车模型的N规范什么的？那玩意儿变成了一个什么理论？

"是这么回事。对称性这个东西，你看这是一张纸……"

——那位外甥从记事本上撕下一页放到了桌子上。

"把这张纸整体旋转一下，什么变化也没有，因为整张纸都动了。这个就像是尽管地球在转但是地球上的人的关系却一点没变。这个就叫做广域对称性，因为整体在转。与此相对的是局部对称性。所谓局部对称性，仅仅是每个点所在的那个局部旋转，而且各个局部转过的角度也是参差不齐的。你想啊，假如拿个螺丝刀在纸上这拧一下那拧一下，那这张纸可就皱皱巴巴了。"

——一边说着，那位外甥把刚才从记事本上撕下来的纸揉搓成一团。

所谓具有对称性

无法区分 ⟹ 具有对称性

 "平整的纸和皱皱巴巴的纸不一样了呀。"

——那是相当地不一样。

 "对喽。操作的前后有了变化，所以对称性不存在。"

 "这个我知道。"

 "但是，现在这个样子，如果一开始这张纸就是这样皱皱巴巴的，那你用螺丝刀这拧一下那拧一下，前后的状况没有什么变化，所以又存在对称性。"

 "现实的情形有这个可能。"

——哎呀呀，如果一开始纸就是皱皱巴巴的，前后状况就相同，这个这个？！但是这个为什么就是"对称的"呢？

"这是有可能的。即便是空间各点旋转，但是这张纸一开始就是到处都是无法互相区分的褶子的话，你转也好不转也好那都没有关系了，结果都是无法区分。"

"嗯——这个地方不是太好理解。比方说，刚才说到局部对称性的时候，我住在这里，这边是邻居家，把两家各自旋转一下，以前从我们家看到的是邻居的大门口，现在看到的是邻居的屋后。你说的意思好像不是这样简单的意思吧？"

"不，不。就是这么简单的意思。只不过，把你们家和邻居家变成无限小来考虑而已。"

——无限小？如果那张纸一开始就是皱皱巴巴的，你再怎么弄它还是皱皱巴巴的，和以前没有什么区别。这个我倒是理解了。邻居的大门口的位置突然有一天变了的话，那可就会吓死人哦。

"那到底怎么回事吗？"

"因为所谓的局部是指无限小的点。"

"指的是点啊。"

——点？无限小的点？无限的小的点……那还能看见吗？

"实际房子规模太大了不能这么说，但如果是无限小的房子的话就可以了。假如有许许多多的无限小的房子，各家的朝向全部变了。但是如果一开始各家房子周围的道路是乱七八糟的，整体来看，你就是把所有房子都转了也看不出什么变化。"

"那，是不是可以干脆这么说：一开始就是混沌一片的状态。"

褶子是电磁场

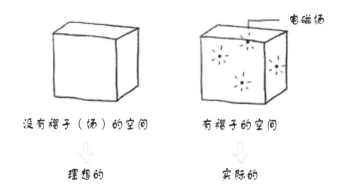

没有褶子（场）的空间　　　有褶子的空间

理想的　　　　　　　实际的

"是的。还有刚才所说的纸上的褶子，实际上是电磁场。"

"纸上的褶子是电磁场。"

——什么？褶子是电磁场？一开始就是皱皱巴巴的纸和后来弄得皱皱巴巴的纸没有区别，不是吗？把整个街区缩小到眼睛无法辨认的程度，无论房子的大门朝哪开都没有什么太大的关系。可是，那些皱皱巴巴的纸或者是"街区的褶子"是电磁场？

"空荡荡的什么也没有的空间是空旷明澈的空间，什么也没有，也不存在场。但是，所谓一开始就存在无数的皱褶的空间，实际上总的来说，这个皱褶就是电磁场。"

"相比空旷明澈的空间，存在皱褶的空间才是更实际的空间。"

——存在皱褶的才是实际的空间？有电磁场什么的空间反而是实际的空间，什么也没有的空间……的的确确什么也没有，所以才不现实吧。

113

"是的。也就是说，一开始就假定存在局部对称性，那么这个空间只能是存在电磁场的空间。所以数学上来讲，如果要求具有局部对称性的话，电磁场就会出现。"

"那张纸和实际的空间是什么关系？"

——对，我也想问这个呀！

"现在是在二维平面上做的说明，实际的空间是三维的，那实际空间的情形下就是三维空间的各个点旋转了。这就是所谓的规范场理论，是现代物理学的重要理论之一。"

——现在说的规范场的内容，我一点不懂啊！

"把这个当作一般情况来考虑真是了不起啊！"

规范场理论

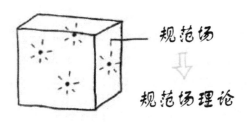

"用数学公式把刚才说的想法进行演绎出乎意料得轻松。这是旋转，一转电磁场就出来了，就这样10秒钟左右就做完了。但是，要画成图像来说明却是非常困难的。刚才说的各点旋转形成褶子这个比喻，实际上已经是一个绞尽脑汁的说明了。"

——喂，你！你说明这个内容也许相当得不容易，可是我们想理解这个内容也是相当费劲啊！你就不能用更容易理解的语言给说一说吗……

"是啊，用图像来表现数学公式好像是很难。不过，用数学公式说明的时候，因为数学公式是特殊语言，或者说是专业术语，可能容易理解吧，如果数学公式是已知的话。"

"我也这么想。"

——数学公式啊……说实话我也是学文科出身的，数学公式这方面实在是不行啊。

老板，再来一壶"影虎"。

④ 把数学公式转换成其他语言就失去真髓

"有图像和数学公式才能理解物理学，可能有点自以为是，但假如说图像和数学公式二者只能选其一的话，我认为有图像就行了。为什么这样说呢？因为再没有比沉湎于数学公式却完全不知道物理图像这样更悲哀的事了。与其这样，倒不如没有数学公式，依靠图像来正确地把握整体，直觉地进行理解。"

"这样的话，如果在图像这方面下足工夫，那么一边使用那些晦涩难懂的语言，一边又能够练就把晦涩难懂的语言转化成简明图像的本事。"

"一点一点积累就可以。"

——如果有练就这种本事的方法的话，真希望在学生时代有人教给我！

"那，刚才你说容易理解的数学公式，是简单的公式吗？"

"数学公式呀……"

"我是广告作家，经常写一些东西，所以我知道的同一个内容，用简单的语言和用深奥的语言都能表达出来。"

"对科普作家来说最痛苦的是：要是用语言来解释数学公式，很容易更让人搞不懂。这可不是多此一举的事情，到最后还是得写出本来的数学公式，然后加以说明。这个做法让人更好理解一些。不给出数学公式只用语言说明的书籍也是有的，不过，这样的书让那些懂数学公式的人看，反而一点也看不懂了。而且，只看文字的人可能也看不懂。这可是最糟糕的事情。"

"弄得大家都稀里糊涂了。"

——哦——那位舅舅原来是广告作家。那位外甥呢？科普作家？从事写科普读物的工作呢、还是自由作家？

能够用其他语言替代数学公式吗？

数学公式 ⇒ 用其他的语言代简单的数学公式

语言

⇓

更让人搞不懂

要理解物理

数学公式 ＋ 图像

"这也许是永恒的难题。数学公式好比诗歌，用别的语言来替换诗歌是相当难的一件事情。就算你用别的语言对诗歌进行了替换注释，就在你注释说明诗歌的时候，诗歌的韵味就荡然无存了，成了与诗歌完全不同的东西。"

"说不定，弄成了完全不同的东西也挺好的。"

"对，比如画成图什么的。"

——数学公式好比诗歌？是说poem？不知道他说的是什么。就算你画成了图，能不能看懂还得另说！这两位到底是什么意思呢？

⑤ 《筱竹丛中》是相对论的文学解释

"不能替换？比方说，能不能把相对论的数学公式换成文学中的某种东西呢？"

"这个是可能的。比方说，作家芥川龙之介有一部小说叫《筱竹丛中》，后来由黑泽明导演拍成了电影《罗生门》。那可以说是相对论最好的表达。"

"嗯——真是三人各执一词啊。"

——那个电影好像是……说的是三个目击者或者说嫌疑人的讲述各不相同。这个故事的三个人当中有人说是自己杀的人，有的说那人是自杀的，彼此之间的描述相互矛盾。

相对论和《筱竹丛中》

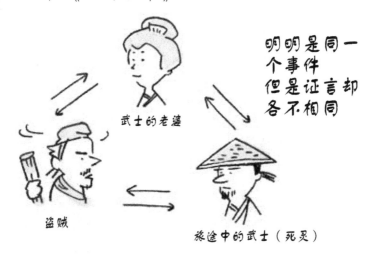

明明是同一
个事件
但是证言却
各不相同

武士的老婆

盗贼

旅途中的武士（死灵）

把相对论转换成图像是可能的

"变成三人各执一词了，要说真相是什么，什么也没有？"

"的确是什么也没有。但是，一般来讲都觉得有真相，如果当作没有而置之不理的话会让人蹊跷。相对论中的洛伦兹变换就是这种感觉。作为一种感觉来说，芥川龙之介的《筱竹丛中》这部小说可真是用文学的方式描写了相对论的世界。"

"嗯，嗯。"

"非常有意思啊。"

——什么？《筱竹丛中》是相对论的世界？洛伦兹变换是什么玩意儿？

"二者最终在某个地方是有联系的。芥川龙之介应该没有想过在自己的作品当中阐述相对论吧。"

"小说是有可能讲明白相对论的，因为感觉是可以传达的。与此相比，用科学读物的形式原原本本地说明相对论的时候，容易排除感情的因素，反而无法很好地说明。"

"是这样的啊，这个意思我好像可以理解。"

"这样的话，还是只有依靠小说啊。"

"而且是相当高水平的小说哦。"

"是的，是的，必须是非常敏锐的小说。"

——描写相对论世界的小说呀……嗨，就算是描写了相对论的世界，像我这样对相对论不甚了解的人看了也不会意识到那是相对论的世界吧。

"噢，是这个呀。但是，这个东西，仔细找找应该有很多吧。"

"我想是的。不过说是这么说，能不能把所有的物理学理论都写成小说呢？物理学家并不擅长写小说，所以恐怕写不出来吧。而文学家呢，很难理解物理学的理论，同样也写不出来。像《筱竹丛中》这样的作品，出现了和相对论思想类似的情形，我们才能够说，这小说有点相对论的味道。但是，要有意识地去写某个物理学理论，那是相当、相当困难的。"

"嗯，如果一开始就有意而为之的话，恐怕是写不了的。"

——真的是这样的？芥川龙之介仅仅是偶然地以那样一种情形描写了相对论的思想。三个人以三个不同的视点讲述同一个故事……

⑥ 超弦理论的世界和《冷血》的世界相通

 "说起这个，有人成为物理学家，有人成为文学家，有人走上其他人生道路，这种人与人之间的分道而行是在什么地方分出来的呢？"

 "可能是在数学上吧。我觉得数学和小说的世界是相通的。两者都需要想象，想象的东西可以是现实中不存在的，因为只是想象，虚构的世界而已。数学和小说不都是自由的嘛，怎么虚构都是可以的啊。不过，如果和文明规则脱离得太多的话，就没法与人们沟通了。数学也是一样，只要遵守数学的语法，或者说理论，怎么虚构都是可以的。但是，物理的世界和现实的世界是相互联系的，是不容虚构的世界。所以，与数学相比，物理学的自由度就差了点。但是，现实和非现实的界线又是很模糊的。超弦理论这个东西，你说是虚构的、数学的、非虚构的还是物理学的？谁也说不清楚。为什么呢？因为无法实验呀。"

数学和物理学的区别

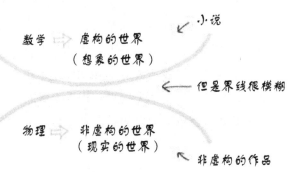

——又来了，超弦理论。这位外甥是不是特喜欢这个超弦理论啊？那究竟是怎么回事，虚构的？数学的？非虚构的？真是个莫名其妙的东西。

"这和文学不是完全一样吗？"

"是完全一样的。就像小说虚构的部分和非虚构的部分的分界线是很模糊的。"

——是，也许是这样。像历史小说什么的，市井人物的实际生活同小说描写的一模一样，但是主人公却是虚构的人物。

"我们家的有线电视，前两天放了一个好像是美国的节目。主题是学习纯正的英语，放的是杜鲁门·卡波特的作品。他写的《冷血》真的是在这方面最好的作品。"

"《冷血》真是这样。杀人犯进到家里一个接一个地杀人，这样的场景在现实生活中可能谁也没有见过，连图像资料恐怕也没有。那可真是卡波特的想象世界。"

"我也这么认为。"

——呃——卡波特的《冷血》……我记得似乎读过一遍。采访实际的杀人犯，询问杀人动机、杀人方法什么的。最后……不知道是什么结局，杀人犯被处以死刑？

"不过，那可是根据实际的证据建立起来的虚构故事。"

"到底发生了什么，过程似乎非常详细。"

"但是，这算虚构呢还是算纪实呢？只能说是介乎两者之间，根本就没办法分清楚。"

"应该算是介乎中间的东西。但是，物理学和数学之间的纠缠和这个一样吗？"

"还真是一样。脑子里想象《冷血》这个作品，那种感觉让我后背发凉。这是真的吗？还是编的？这种大脑麻痹的状态就是超弦理论的世界。"

卡波特的《冷血》
实际的证据

编成小说

虚构还是纪实
无法区分

——怎么就把卡波特的《冷血》和超弦理论扯到一块了呢？让人脑子更乱了。总之一句话，所谓的超弦理论就是根本搞不清哪个地方是真实的哪个地方是虚拟的理论？

"原来如此。水平很高啊。"

"是的，水平很高，堪称杰作。不过，卡波特在做电视节目的时候，一定是喝酒喝得迷迷糊糊的。非常地沉湎于感性中的那种人，有点过于细腻。"

"那样也挺好的。现实和非现实，虚构和非虚构……"

"两者之间啊。"

"原来如此，是这样的。对于普通的工薪族来说，不明白数学公式那就不明白，也没什么。如果想理解情感的部分，没有数学公式也是可以理解的。"

——我也是个工薪族。有数学公式也好，没数学公式也罢，你们二位的谈话我一点也听不明白。数学公式里有情感？

"是的，没有数学公式也行。不过，必须有人告诉你哪和哪相互对应。"

"听上去好像很有意思。"

——是的，好像是很有意思。不过，内容太难了。超弦理论和绳子、弦什么的有关系吗……

⑦ 重整化计算——从无限大的束缚中解放物理学

"说到这，还有一个叫做重整化理论的理论。"

——那位外甥一边往自己的碟子里夹鸡蛋卷，突然又说起了别的话题。说完绳、弦什么的之后，又是什么"重整"？不是胡整吧！？不，这好像不是玩笑。

"那是什么玩意儿呀？重整化这个东西。"

"1965年朝永振一郎获得诺贝尔物理学奖，就是因为在重整化理论方面的贡献。所谓重整化理论，就是将无穷大的计算结果重整成有限值。物理学中要做各种各样的计算，比如计算基本粒子之间碰撞的概率，等等。"

"嗯——？"

——无穷大的计算结果重整成有限值？不是说计算结果无穷大的话就得不出答案吗？在哪个地方勉勉强强地弄一弄给出答案？

基本粒子之间碰撞的概率，这玩意儿我可不懂……基本粒子这玩意儿彼此会碰撞到一块儿？

"不过，详细计算这个碰撞概率的话，结果会变成无穷大。当然，实际上不可能是无穷大的，肯定哪里出问题了。因此确立了这样一种计算手法：用合乎逻辑的方法把无穷大值重整化成有限值。由于在这方面的贡献而获得诺贝尔物理学奖的物理学家是费曼、施温格和朝永振一郎。"

"具体是怎样的？我想象不出来啊！"

——真的？有天衣无缝的方法？

"有一个很有意思的例子。比方说，$1+1+1+1+1+1+\cdots$，这样无限地加下去就变成无穷大了，对吧？但是，可以对这个问题进行重整化计算，得到的结果是$-\frac{1}{2}$。"

"欸？！为什么会得到这样的结果呢？"

重整化的例子之一

无限次地加1

$$1 + 1 + 1 + 1 + 1 + 1 + 1 + \cdots = 无穷大$$

用重整化理论做重整化计算

$$1 + 1 + 1 + 1 + 1 + 1 + 1 + \cdots = -\frac{1}{2}$$

——怎么会是这样的结果呢！！把我面前的这小碟子一个一个摞起来，那不就摞得无穷高了吗？至少不会是负数吧？

"有点无法理解吧。为什么呢？把1无限次地加下去，得到的结果怎么会是$-\frac{1}{2}$！？同样的例子还有一个，1+2+3+4+5+…，把自然数依次无限地加起来。这个结果通常也是无穷大的，但是重整化计算一下，乖乖，结果是$-\frac{1}{12}$。重整化计算这个东西，就是有一种合乎逻辑的方法把无限大的部分去掉的一种方法。这样的话，剩下的有限的部分就是现在的$-\frac{1}{2}$、$-\frac{1}{12}$等等结果。"

"饶命啊！我投降！"

——那位舅舅也晕菜了，举起双手投降。好啊好啊，原来不光是我晕菜啊。

重整化理论的例子之二

把自然数依次无限相加

$$1 + 2 + 3 + 4 + 5 + \cdots = \text{无穷大}$$

用重整化理论做重整化计算

$$1 + 2 + 3 + 4 + 5 + \cdots = -\frac{1}{12}$$

"这个例子如果不用数学公式的话，就很难说明了。$1+X+X^2+X^3+X^4+X^5+\cdots$，这样无限地加下去的话，你认为答案是多少？告诉你吧，是$\frac{1}{1-X}$。"

"哦，是$\frac{1}{1-X}$呀。"

重整化的例子之三

$$1 + x + x^2 + x^3 + x^4 + x^5 + \cdots = \frac{1}{1-x}$$

——为什么是这样啊？喂，我说这位舅舅，拜托别一个人点头称
是，好不好？

这时那位外甥开始在记事本上写数式，我是真看不清楚哟……

"这个结果的证明特简单。左边有无穷多个项，是吧。1之后
的，把 X 提出来看看，$1+X$（$1+X+X^2+X^3+X^4+X^5+\cdots$）。但是，
请仔细看看，再仔细看看，括号内的东西和最开始的公式是一
模一样的，不是吗？"

"啊，哈。所以，左边=$1+X$（左边），从这个方程式解出
'左边'，结果就是（左边）=$\frac{1}{1-X}$。"

——是，是这样？呃——解不出来呀，我！到底还是数学不行啊。

老板，今天你推荐的鱼，来三种，做成生鱼片，还有来一份醋拌
巴蛸。

重整化的证明

$$1 + x + x^2 + x^3 + x^4 + x^5 + \cdots = \frac{1}{1-x}$$

$$\Downarrow$$

$$1 + x\,(1+x+x^2+x^3+x^4+x^5+\cdots)$$

$$\Downarrow$$

$$左边 = 1 + x\,(左边)$$

$$\Downarrow$$

$$= \frac{1}{1-x}$$

"但是，你不觉得这有点奇怪吗？"

"嗯——是有点奇怪。"

——不单是感觉奇怪哟，简直就是无法理解！

"虽然有点奇怪，有无穷多的时候经常用这样的方法处理。"

"那个，想问一下，把无穷大变成有限值的时候为什么必须这样做呢？"

"如果无穷大就让它无穷大的话，物理学的法则就崩盘了。量子力学中会出现这样的计算。要是结果变成无穷大，就不合逻辑了。"

"变得不着边际了。"

为什么重整化是必须的

无穷大 $\Rightarrow$ 物理学法则崩盘

把没有意义的无穷大去除

重整化 $\Rightarrow$ 有限值
（实际上不是无穷大）

$\Downarrow$

使用物理法则

"计算结果如果是无穷大，那作为理论就没有使用价值。但是，理论作为理论并不存在缺陷。这个事情大家都认为有某个地方不对劲，这个理论结果上的无穷大实际上可能不是无穷大，如果能把无穷大的部分去除掉的话，就能够留下有意义的答案。"

"说不定这不是什么无穷大的问题，不是吗？"

"也就是说：仅仅是看上去无穷大。但是实际上不是无穷大，只是因为计算方法上的问题而变成了无穷大。"

——哦，是这么回事啊。实际上只是某个地方计算错了，但是答案是存在的，是这样的吧？

"是哦，那就是说，搞不清楚哪个地方弄错了，所以用重整化的办法凑合出一个结果……"

"不是的，正是通过重整化计算才让人们搞清楚了原先的计算是怎么错的。"

"哦——这样的啊，原来如此。"

——什么？反过来的？为了得出答案而尝试进行操作处理，结果搞清楚了原先的计算为什么错了，是这个意思吧？

"就是刚才那个公式，$1+X+X^2+X^3+X^4+X^5+\cdots=\dfrac{1}{1-X}$。这个公式里面包含了所有的关键问题。"

"明白了。"

——我不明白啊！
哦，今天的生鱼片是什么呢？石斑鱼、鲈鱼和扇贝吗？

"这里考考你，公式的左边的无限多项的部分当中，这个X中代入什么值都可以吗？"

——什么？把我都问傻了，一不小心夹在筷子上的生鱼片掉到酱油碟子里了。

"假如$X=1$的话……，就变成无穷大了……，$X=\frac{1}{2}$的话……，平方就是$\frac{1}{4}$，三次方的就是$\frac{1}{8}$……，越来越小了。"

"对！比如，把$\frac{1}{2}$这样较小的数代入到X中。如果代入小于1的数，就变得越来越小。因为是很小的数相加，就算你无限地加下去最后的结果还是有限值，这在数学上叫做收敛。就这个式子的左边而言，就会在X的绝对值小于1的范围内收敛。但是X的绝对值大于1的话就完蛋了。比如，把2代进去的话，就变得越来越大，发散了。"

"发散？"

"在数学上，如果变成无穷大就叫做发散。"

"明白！"

——哈哈，完了，超出了我能理解的范畴。反正我只记住了变成无穷大了就叫做发散。

"但是，如果用右边的公式会怎样呢？"

"把$\frac{1}{2}$代入$\frac{1}{1-X}$中的X的话就等于2，哈哈，是有限值。把2代入到X的话……，等于-1？"

——嗯？得出了正经八百的结果？用左边不行，用右边却能给出答案？

"也就是说，不是用无法恰当定义的左边，而是用严格定义的右边，就像变魔法似地把无穷大削掉了，答案是有限值。"

 "这个魔术就是重整化，是不是？"

 "对喽。"

 "真的啊——"

——虽然我不太明白，但我觉得的确是魔法。

所谓的重整化理论

左边 右边

$$1 + x + x^2 + x^3 + x^4 + x^5 + \cdots = \frac{1}{1-x}$$

没有严格定义的公式 $\longrightarrow$ 定义了的公式

新发现

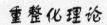 重整化理论

 "如果只知道左边，在左边的公式里代入2这样的数值，得出无穷大的话，那就天下大乱了。也就是说，重整化理论在某种意义上讲抛弃了左边的公式，注意到了右边这个更好的公式。这样无穷大就变成了有限值。这个看一下图就一目了然。"

——那位外甥说着从一沓纸当中抽出一张似乎画好了图的纸，然后把它放在了桌子上。

嗯——让我来看的话，无论如何也不是一目了然的。

"朝永博士想出了这样的办法呀。"

"想法非常了不起。现在大家都知道了，说一声'哦，是这样'就完了，实际上这可是伟大的成就。"

——就是嘛，都拿到诺贝尔奖了，当然是伟大的喽。

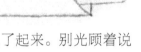

⑧ 看看重整化理论的图

——这时，那位外甥拿出几张纸又开始说了起来。别光顾着说呀，你这家伙一直就说个不停，不喝酒不吃菜。

重整化之图1

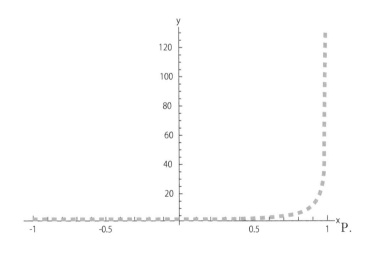

重整化之图2

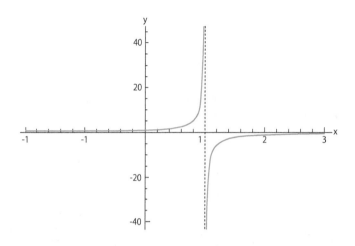

 "现在写的公式的左边变成1。从-1到1，换而言之只定义在绝对值小于1的范围内。你看这个图，大于1的时候是急剧地上升的，所以没有被定义。另外右边 $\frac{1}{1-X}$ 的图是图2。"

 "欸——"

——哎呀。颜色很淡，看不清楚。即便如此，也不能凑上去偷看呀。

 "$X=1$的时候分母变为零，没有定义，但是除此之外的所有的点都是有限值。把这个图和刚才的图重叠到一块儿会怎么样呢？那就成了图3。"

 "这是最重要的关系，左边只是点线的部分，就在这个狭小的范围内有效。但是右边怎么样呢？不仅包含了点线的部分，而且定义在更大的范围。这也就是说，这个函数的真正的样子是蓝色的部分。"

重整化之图3

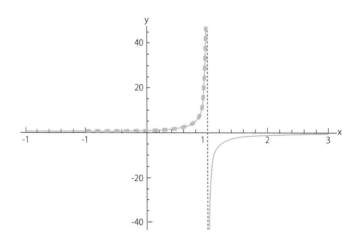

"是这么回事呀。"

——那个蓝色的部分从我这里看不太清楚。得了吧，就算我盯着图把它吃了，我还是理解不了。

"左边是只能使用很小一部分的无穷级数。由于用了这样的级数，超出了使用范围的话就变成无穷大，所以说搞错了。但是把这个变成无穷大的部分巧妙地去掉，结果就变成有限值。"

"是这么回事啊。"

——啊——真想好好看看图。拜托，稍微往我这边挪一点，好不?

本质

左边 $\qquad$ 右边

$$1 + x + x^2 + x^3 + x^4 + x^5 + \cdots = \frac{1}{1-x}$$

这个才是本质

"从某种意义上说，这样很单纯。本质就是这个使用范围广泛的函数 $\frac{1}{1-X}$。所以，只要找出本质性的函数，就没有必要使用左边的这个别扭的无穷级数。"

"的确，无穷级数有点别扭。"

——又出现了新名词。无穷级数，这是什么呢？嗨，没有必要使用不是吗，也许不必在意它……哈哈，好像说累了，觉得肚子有点饿，那位外甥直接就要了一份炒乌冬面。

"那，重整化理论发表之前是怎么做的呢？"

"把点线的部分错当成函数本来的样子。所以 $X=2$ 的时候点线向右平移，答案还是无穷大，物理学家头都大了。"

"也就是说，重整化理论用蓝色的部分代替了点线部分超范围解释导致的无穷大，使得计算值变成有限？"

"正是如此。"

——哎呀，真想好好地看一看那个点线、蓝线的图啊……可是，突然冒昧地说：给我看一眼，那人家会觉得我这人太奇怪了。
也别管它了，不过，小子，别吃那么快，对胃不好！

"现在建立了重整化理论，无穷大没了，对吧？这是现在的主流理论吗？"

"是的，刚才是用数学的例子说明的，物理学中情况也是一样的。但是这就不是X这个符号，而是物理符号，比如电荷符号。电荷用e表示，e+e²+e³+…这样的公式，这样的公式描述的是基本粒子之间相互作用的概率。所以数学也好物理也好，使用重整化理论是很平常的。"

——就是说，重整化理论是已经确立的理论。比方说这个巴蛸鱼吧，一开始谁也没有想到这个东西能吃，压根就没有食物的概念。但是，尝试着吃过之后，才认识到：啊，巴蛸鱼这玩意儿是能吃的。我的解释有可能是错的，但是我的理解能力也就这个程度了。

"是吗，但是将来这个情况不会变化吗？"

"不是，刚才说只要找到本质性的函数，但是搞不清楚的问题多了去了。实际上刚才谈到的情形只是非常简单的例子，$\frac{1}{1-X}$这个函数是已经弄清楚了的。"

"这是什么意思？"

"刚才还说了另外一个例子，1+2+3+4+…，对吧？"

"啊，对呀，确实和1+X+X^2+X^3+X^4+X^5+…不一样。"

"1+2+3+4+…，这个公式也叫做ζ函数。"

"zeta。"

"希腊文小写的ζ（zeta）。"

——那位外甥一边嚼着炒乌冬面一边在纸上写字。希腊字母小写的zeta，怎么写的呢？把记事本给我看一眼就好了。又蹦出个新名词，zeta函数。

"但是呢，要说这个函数能不能写成一个简单的公式，明确地说，不能。"

"不能，那怎么办？"

ζ 函数

$$\zeta(s) = \sum_{n=1}^{\infty} \frac{1}{n^s} \Rightarrow \text{过于复杂} \atop \text{用简单的公式} \atop \text{无法替换}$$

"这个经常在积分计算中出现。而且这个函数根据定义域的不同有很多很多的公式：这个定义域只能用这个公式，那个定义域只能用那个公式，全部写出来就像蜂窝一样密密麻麻一大堆，真是很要命哟。"

——这么说的话，把全部都归纳到一块儿的完美的公式是无论如何也找不出来喽？

"那么，说不定其他还有别的什么东西吧。"

"是的，也就是说，描述的问题。如何找到定义域广泛的描述。换而言之，找到本质函数，这是关键。"

——本质函数，嘿嘿……这玩意儿在这个世界上有吗？
那位外甥把乌冬面吃完后，仰起脖子把酒也一口喝干，然后擦了

136

擦嘴。

　　"时间差不多了。"
　　"啊，真是啊。够了吗？"
　　"不管咋地肚子塞满了。"
　　"那，走吧。"

　　——说着，那位舅舅招手结账，让老板帮忙叫出租汽车。两人开始穿大衣。我呢，被他们的谈话所吸引，生鱼片的碟子里还剩一半没吃完。

　　"下周再来，没问题吧？"
　　"可能会稍微晚一点，有一个碰头会。"
　　"没关系的，手机联系。"

　　——两人边说边把账结了，和店老板说了声谢谢，就走出了店门。
　　突然想起来了，于是我问了一声店老板：
　　"刚才的客人经常来店里啊。"
　　"年轻的那位以前偶尔来过。好像上过电视。"
　　"电视？人气偶像？"
　　"不，我这里的一个小时工在深夜节目中看到过，说好像是作家什么的。"
　　"是吗？"

　　——原来是作家啊。所以动不动什么都知道。作家啊……
　　我的脑海里浮现出一个想法，不知道能不能实现……

从伽利略实验到宇宙的进化、能量，疑问依旧在

　　我心里带着一个想法，竖起耳朵听他们两位谈话。

　　伽利略的实验、空气的阻力、宇宙的进化，还有核聚变的能量问题，一点一点展现出来的科学、物理学的魅力，更加吊起了我的胃口。

第四夜
从伽利略实验到宇宙的进化、能量，
疑问依旧在！

今天急匆匆地向那家小酒馆走去。昨天还是春意和暖，今天却是寒风刺骨。我顶着刺骨的寒风，迈着中等的快步走在元町商业街的人行道上。

今天无论如何都要比那两位先到小酒馆，占上最角落的那个位置。这样的话，或许能够如愿……坐到那位外甥的旁边。这个计划如果成功，应该就能够美美地在旁边听他们的谈话了。

我可是把害羞、丢人的顾虑全部抛开了，只为能够听清他说话。

气喘吁吁地进到店里，很意外今天店里空空的。普通座位、榻榻米座位都空空的。这怎么办，他们会坐在哪个座位呢？不管那么多，我就赌他们坐在吧台的位子上。

我坐到了吧台最角落的位子上严阵以待，这里曾经是我的专座。

"今天少见啊，来得好早。"
"啊，工作结束得早。"
"今天的小菜，椒盐鱿鱼，试着加了点柚子汁。"
"看上去味道不错。这样，来一壶'雀张鹤'酒和烤多春鱼、温汤白菜。"

就在我点完酒菜的时候，那两位男子一起进了店门。看看，到底会坐哪里呢？能如我所愿坐到我旁边的位子上来吗？
"坐哪里呢？榻榻米也是空的。"
——拜托，别上那边，到我旁边来吧。
"不好意思，我不喜欢盘腿。"

140

"那就和往常一样坐吧台吧。"

　　如我所愿，两位这么边说边朝吧台的方向走来。幸运！那位外甥坐到了我旁边的位子上。

　　情不自禁地一阵脸红。我一边努力克制自己的害羞，一边吃着面前的小菜，装出一副不曾相识的样子。

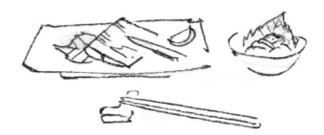

① 伽利略并没有在比萨斜塔做实验

 "今天想聊一聊有关伽利略的比萨斜塔的故事。"

 "嗯，上小学的时候听说过的。"

——哦，今天从很熟悉的话题开始噢。这样的话，我大概能够跟得上步点。

伽利略的自由落体实验

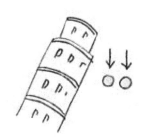

从比萨斜塔上扔下两个球
比较它们的下落速度

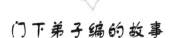

门下弟子编的故事

实际上是在用板子做
成的斜坡上面
让两个球滚下去比较
下落速度

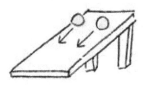

 "但是，实际情况和你听说过的大不一样。比萨斜塔的故事很有趣，首先伽利略自己爬上比萨斜塔从上面扔下两个球，实际上根本就没有这回事。不知道这个传说是怎么传下来的。先不管这些，自由地释放两个球，它们是否同时落地这个问题，由于两个球的下落速度太快，测量它们的差异是很困难的。因此，为了使球下落得慢点，伽利略从斜坡上让球滚下去。用木板做成斜坡让两个球从上面滚下去。球滚到下边木板的边缘，落到地上。观察两个球在地上滚到什么地方停下来，以此为据做出判断。所以，虽说也是落体实验，但是他真正做过的是从斜面上滚落到地上的落体实验，而不是从比萨斜塔上扔下两个球。"

"不是在比萨斜塔上做的呀。原来是在木板做的斜面实验啊。"

——是吗？比萨斜塔的情景是谣传呐。有点像那个谣传：被暴徒袭击的首相说"这是男人的本愿"。

"是的。不过，虽然仅仅是使速度减缓，但是这个实验其实非常有意思。首先是下落的距离，它和时间的平方成正比。写成公式就是 $\frac{1}{2}gt^2$，其中，g 是重力加速度，9.8米/秒^2。重力加速度的一半大约是4.9，也就是说，随着时间的变化，下落距离大约按 $5t^2$ 的关系变化。1秒钟的话，大约 $5\times1=5$m，如果准确地说，就是4.9m。1秒变成2秒，$2\times2=4$，$5\times4=20$，下落距离就是20m。最开始的1秒钟时间里下落了5m，下一个1秒钟时间里落下15m。因此，随着时间的变化，单位时间的下落距离变得越来越大。"

"越来越快。"

"对，因为速度越来越快。要说速度能够达到多大，随着经过的时间越变越长，可以达到无穷大。顺便说一下，速度 v 会是多少呢，根据 $v=gt$，大致是 $9.8\times$ 时间。随着时间的数值的增大，速度也增大。"

——是这样变的啊。第1秒5m，经过2秒就是20m，不断地加速。坐过山车正好是这种感觉。

下落距离的测定

下落距离?

$$S = \frac{1}{2}gt^2$$

下落距离 $= \frac{1}{2} \times 9.8^m/\text{秒}^2 \times \text{时间}^2$

下落距离 $= 4.9 \times \text{时间}^2$

随着时间的变化，下落距离越来越大

② 伽利略可以忽略空气，但跳伞必须考虑

"下落距离是 $\frac{1}{2}gt^2$。举这个例子的原因，是因为这是典型的物理学法则，但是这里完全忽略了空气的存在。的确，在真空中球的下降速度越来越快，但是实际不是这样。比萨斜塔的情形我们不容易感觉出来，不过，比方说跳伞吧，运动员从飞机上跳下来之后，如果降落伞不打开，下落速度会不断增大，就会猛烈地撞到地面上。但是实际上，通常不会发生这样的情况，跳伞队员们彼此手拉着手从天而降，对吧。这是因为有空气阻力，所以跳伞这项运动才能进行。考虑空气阻力，就要对原来的方程式进行修正。空气阻力一般随着速度的增大而增大，在方程式里加入这个空气阻力项，那么空气阻力增大到一定程度之后，下落速度就不再增大了。也就是说，有一个下落的末速度。"

"速度不会比这更大，是吧？"

"Terminal velocity。Terminal是最终的意思，所以叫末速度，这时最终可以达到的速度，不可能比这更大了。所以，张开双臂可以使受到的空气阻力增大，就有一个与此相对应的末速度。享受跳伞运动的人到达末速度之后，一边匀速地下降，一边快活地做着各种各样的表演动作。不过，如果想改变空气阻力，就把张开的双臂的形状收小一些，这样就会快速下降。也就是说，通过变换自己的身体形状调整下降速度。正是因为这样，跳伞的时候，后跳的人能够赶上先跳的人。先跳的人双臂充分张开，相应的末速度就小。而后跳的人则是把双臂收紧甚至把身体卷缩起来，头朝下冲下去，速度不断增大，等追上前面的人之后把身体充分展开，就能和先跳的人同行了。"

真空与实际的区别

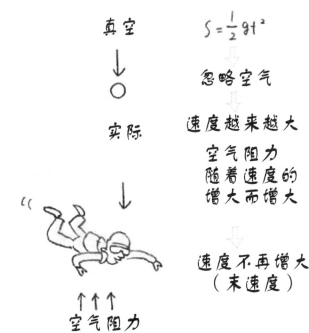

真空

$$S = \frac{1}{2}gt^2$$

忽略空气

○

实际

速度越来越大

空气阻力
随着速度的
增大而增大

速度不再增大
（末速度）

↑ ↑ ↑
空气阻力

——啊，是这样。仔细想想还真是这么回事，虽然我没玩过跳伞。我用筷子拨弄着碟子里的白菜卷，试着把它展开了。如果把这个看作技巧的话，由于空气的阻力下降速度变慢了。把白菜卷得小一点的话，空气阻力变小，因此下降速度一下子就变快了，是这样吧。

"那可是几千米高空的事情啊。空气的浓度没有影响吗？"

"空气的浓度是有影响的。"

"比方说，从珠穆朗玛峰顶上跳伞会怎样呢？"

"珠穆朗玛峰顶上的空气阻力会变小，比较近似于伽利略的实验的情形。也就是说，随着空气的减少，逐渐地末速度就会变大。"

"你的意思是快速下降？"

——这些也有关系？听上去是理所当然的事情，不听的话一般不会注意这些事情。

"末速度变快的意思就是下降速度变大。空气稀薄的地方，当然要比空气多的地方下降速度快，就是在更短的时间里下降更大的距离。速度最大的情况就是完全没有空气的时候，这个时候下降速度不断地增大。没有任何阻力，不管你怎么做，抑制作用都没有效果。"

"你是说：没有阻力的话，末速度可以增大到无穷大？"

空气浓度和末速度

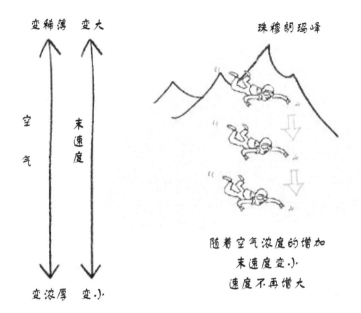

变稀薄　变大

空气　末速度

变浓厚　变小

珠穆朗玛峰

随着空气浓度的增加
末速度变小
速度不再增大

"基本上是这样的，牛顿力学的理论值是这样的。如果考虑爱因斯坦的相对论，实验上光速是上限，到底还是超过不了光的速度呀。"

——光速原来是这么重要的标准呐。任何物体的运动不可能超过光速。

"以前，我觉得这是不可能的，从几千米的高空降落下来，对吧。这个时候大气层有的地方空气浓厚有的地方空气稀薄，就像三明治一样。照你这么说，下降速度就是一会变快一会变慢。"

"是的，一会变快一会变慢。"

"空气稀薄的地方，飕地一下速度加快，空气浓厚的地方速度变慢，就像是人抽风一样。"

——呃，会发生这样的情况啊。在空中，一会踩油门，一会急刹车？好像挺有意思。

空气层与速度的关系

假如空气层就像三明治一样

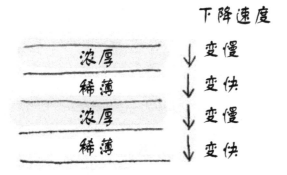

"说到这，有一个很有意思的事情，是参加过飞人比赛的千岁科学技术大学的人给我讲的。滑翔机的飞行原理是由非常简单的公式决定的，用飞行时的速度和空气密度基本就能确定了。这样从计算上来讲，在一般状态下，滑翔机应该只能飞200m左右。可是，参加飞人比赛的人飞出的距离比这远得多。这可不是在高空飞行，满打满算，也就是挨着水面飞。"

"是，是，是，要掉不掉的那种高度。"

——我看了我看了！前一段时间有个比赛，往返飞过规定距离的队获胜了。那个，真了不得，手工制作滑翔机能飞出那水平。

不过，所有选手的确飞得离水面很近，就是现在脑子还能浮现当时的情景——加油，加油啊，要掉水里啦！

所谓表面效应

飞人比赛

空气密度低

空气密度高

水面

如果保持速度和角度的平衡就能飞得更远

⬇

表面效应

"那是为什么呢？是因为表面效应。高的地方空气相对稀薄，下降速度变快。下降速度变快的话不就掉下来了嘛。但是，在水面附近空气浓度相对较大。也就是说空气的密度不是恒定的，水面附近空气的密度变大。这样的话，状况就发生了变化，前面的原理性公式不适用了。如果巧妙地利用空气的密度，就算下降速度很快也不会掉下来，能够飞行很长的距离。"

"原来是在空气密度大的地方坚持着不往下掉啊。"

"是的。不过，进入空气密度大的地方时，掌握好速度特别重要，速度太大的话，直接就冲到水里去了。如果一味地拉起机头的话，就会被高密度的空气层弹起来，慢慢升高之后，直接就掉下来。"

"原来如此，不得不感叹速度和角度的绝妙平衡。"

所谓空气的存在

利用空气层的密度差
能够让各种各样的航
空器飞行

"是啊。用非常合适的速度，避免被弹起来，以精准的角度进
入到这个高密度的中间层，只有这样才能借助表面效应，
嗖——嗖地越飞越远。"

"很好玩啊。"

——有这样的本事啊。看的时候我只觉得津津有味，原来那些选
手是经过如此严密的计算和训练之后才能够参加比赛的。有的参赛队
才飞了1米就掉下来了。

"所以，空气的存在对于飞机和滑翔机一类的航空器是至关
重要的。你想啊，要是没有空气的话，螺旋桨飞机根本就飞
不了啊。"

"是啊，不过大气层这玩意儿，从太空宇宙上看，真的只是薄薄的一层。"

"这个大气层也是靠近地表密度大，越往高处逐渐地变稀薄。航空力学就是研究如何利用大气层的这个特性飞行的。"

"刚才你说的大气层，到了高空最终是会消失的？"

"是的，大气层的密度连续变化，随着高度由低到高，逐渐变得稀薄，最后，几乎接近真空状态。这真是一个梯次变化的世界。"

——要说起来还真是这样。如果给空气染上颜色的话，一定会清清楚楚地分成各种漂亮的颜色。

那两人似乎是告一段落，点了日本酒、烤肉串拼盘和煮毛豆。这个店的豆制品特好吃哦，你们两位以前不知道吧。

③ 伽利略的实验和阿波罗15号

"还是回到伽利略实验来吧。你刚才说让两个球从斜面上滚下去，滚的是两个质量不同的球吗？"

"大概是吧。"

"从那个图上看的话，是两个质量不同的球吧。"

"我觉得是两个材质不同的球。材质不同实际上就是密度不同。这样的话，也可以说是滚了两个质量不同的球。"

"要是这样的话，难道分不出哪个滚得容易一些哪个滚得费劲一点？"

伽利略的实验（球的体积相同。——译者注）

采用材质不同的球
（密度不同=质量不同）

比方说

木材　铁

球表面的光滑程度一样

——是啊。乒乓球和圆石头子的话，乒乓球似乎滚得快一点。

"你指的是球的表面坑坑洼洼吗？当然表面坑坑洼洼的话就要考虑空气阻力，那这个实验就不行了。必须使表面同样光滑。"

——哦，伽利略实验当时的表面条件是一样的。

"说起来，关于伽利略的比萨斜塔的故事是谁编出来的？"

"呃，这个……"

"是不是当时有人觉得编这样一个故事可以让人们更容易理解伽利略的思想。"

"比萨斜塔的故事，我认为是伽利略的学生韦维亚尼编的。不过，那个故事有意思的是，公式里面没有包含质量。公式是 $\frac{1}{2}gt^2$，根本就没有质量 m 啊。"

"是吗？"

——那个实验中质量相当重要，不对吗？把质量完全忽略了？

"没有包含物体的质量，也就是说无论物体的质量如何，结果都是相同的。我这里有一段录像，记录的是登陆月球表面后，阿波罗15号上的宇宙员做的实验。"

——说着，那位外甥打开笔记本电脑，开始放录像。运气真好，坐在我的位置上能够清楚地看到。

"右手拿着锤子，左手拿着羽毛，两边同时下落。由于月球表面几乎是真空状态，锤子和羽毛以相同的速度下落。在某种意义上讲，这个实验是令人震撼的。别的不说，要是在有空气阻力的地球上做同样实验的话，羽毛是慢慢悠悠地往下掉。可是在真空状态下，锤子和羽毛同时落下。所以，与物体的质量无关。"

——阿波罗的宇航员做过这样的实验啊！真的没听说过。在月球上验证了伽利略的传说。不过，这个事情当时报道了吗？真是相当了不起的实验啊……

阿波罗15号的实验

月球上几乎是真空
锤子和羽毛同时落地

"和你聊了这么多，我有一种感觉，像我这样的人和物理学家们的常识是不同的。"

"也许吧。"

"不同啊，完全不同。作为地球上的现象来考虑的话，我绝对想不到。"

"是噢。"

"我能想到的是，如果扔一根羽毛的话，它知会飞到什么地方去了。"

"哈哈，哈哈。"

"羽毛什么的，绝对不会笔直地往下落的。"

——的确，我在家里玩过这个，绝对不会笔直地往下落。

"物理学家能够对现象进行理想化。他们可以在脑子里理想化地思考没有空气的状态。怎样才能够通过实验验证理想化状态呢？为此可以考虑一个理想化的例子，导出公式，然后逐步给这个公式加入一些修正项，这是物理学家的惯用手段。伽利略了不起的地方就是，发现了球在斜面的滚动与球的质量无关。"

"但是，如果伽利略用球和羽毛做实验的话，那肯定发现不了这个事实。"

"用羽毛和球做实验的人是无法发现物理规律的。"

"原来如此。"

——可是，为什么传说中的伽利略的实验竟然变成了伽利略用羽毛和球做的呢？一定是后人想当然编出来的。编这个故事的人肯定没有物理学常识。

"发现物理学规律的人是能够巧妙地排除那些干扰因素的。理想化之后，发现理想状态下是这样的。"

"是这样啊，为了找出本质的东西，将干扰因素排除掉。"

"是的。"

"重要的是针对自己的想法找到合适的方法。"

物理学家的思维方式

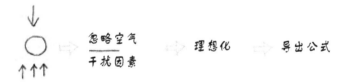

——照你这个说法，听上去怎么觉得研究物理学的人有点像是随心所欲的那号人。

"不仅仅是观察现象本身，还要思考其背后的类似骨架的东西。把表面的筋肉去掉，这样一种感觉。"

"这样说比较容易懂。我似乎觉得有点理解物理学家的思维方式了。"

——把肉去掉只考虑骨头，是这样？我试着把生豆腐块全部从竹串上扒下来。这些生豆腐块是干扰，这根竹串才是重要的。

④ 知道了物种起源，但是不知道生命的起源

"还有一种和物理学家的思维方式相反的思维方式，那就是法布尔写《昆虫记》的思维方式。因为法布尔的《昆虫记》完完全全是由现象观察构成的。"

"法布尔的《昆虫记》写得很好啊，那简直就是写人类的生活景象。这本书我读了好几遍，一点没觉得这是在描写昆虫。当然说的是昆虫，但是我总感觉是在讲述人类的生活。"

"我想到的是，达尔文写出了进化论，法布尔是写不出进化论的。达尔文深入到了类似骨架的地方，怎么说呢？近似于物理学家的思维方式。观察了大量的生物之后，从中抽出某种精髓一样的东西，这个精髓就是现在所说的进化论。法布尔呢，一开始就对这个精髓的东西没有兴趣，只是原原本本地接受现象。两者是不同的科学方法。不是说比较两种方法的优劣，我只是强调方法的完全不同。达尔文和物理学家相似，因为抽出精髓的东西加以分析是物理学家的看家本领。"

达尔文和法布尔的区别

达尔文   法布尔

↓   ↓

抽出精髓   一门心思观察

↓   ↓

进化论   同样以蝴蝶为对象   昆虫记

——是这样吗？嗯——法布尔的《昆虫记》详详细细写了很多关

于昆虫的习性，但是关于这些习性是怎么来的、如何进化的，的确是没有写啊……

"可是，这样说的话，法布尔的研究就不是科学了？"

"法布尔的研究是科学，但是和达尔文的做法不同，不是吗？"

——观察实际现象并记录的、只研究生豆腐块的科学，与观察之后把生豆腐块扒掉只抽出竹串的科学，是这样区分的吧？

"关于达尔文的进化论，我在学校课堂上学习的时候认为是绝对正确的，不过，现在不是也有这样的怀疑：进化论本身就是值得怀疑的。"

"在科学界，进化论还是被作为绝对正确的东西来看待的。但是在达尔文的进化论中，没有探讨关于生命的起源这个问题。"

"物种的起源？"

"不是，不是物种起源的问题，而是生命起源的问题。也就是说，最早的生命体是什么这个问题。关于这个问题仅仅研究物种的起源的话是说不清楚的。有了一定程度的生命体之后经过分化形成物种，这才是物种的起源问题。"

"追溯下去不就到了这个问题吗？"

"不，最早的生命是如何形成的这个问题，进化论根本就无法说明。当然，当时的达尔文也没有打算说明这个问题。"

——什么？是这样的啊？为什么生命会在地球上诞生这个问题最近成了流行话题。

"物种的起源无法解释生命的起源？"

（物种起源：研究的是生物体如何分化发展。生命起源：研究的是分化发展之前那个生命体是哪里来的。从逻辑上讲，先有生命体，然后才谈得上生命体的分化发展。——译者注）

物种起源和生命起源的区别

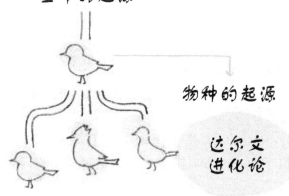

生命的起源

物种的起源

达尔文进化论

"达尔文是虔诚的基督教徒，在他的观念里可能认为是上帝创造了最初的生命体。所以他研究物种的起源并没有否定上帝。"

"是这样的啊。"

——嗯，达尔文原来是虔诚的基督教徒啊。那样的话，达尔文一定苦恼透了吧，因为自己建立的假说与圣经《旧约全书》的教义完全不相符呀。

"不过，现在有这么一种说法，就是最初的生命体是由一个智者设计的。这简直就是上帝创造生命的现代版。如果现在还说是上帝创造了生命，那谁也不会信你，所以换个说法，是智者创造的。这个情况有点和宇宙的进化论一样。宇宙的进化是从大爆炸开始的，可是怎么讨论这个大爆炸，我们还是不知道大爆炸之前是什么样的。也就是说，生命的起源也好，宇宙的起源也罢，遇到了同样的问题，它们是自然形成的？智者设计的？没有'智者'而是自然发生的？这些意见当中包含了巨大的哲学上的差别。"

"嗯——对呀。不过，结果是什么也不知道。"

"涉及到起源问题的话。"

——是吗？生命也好，宇宙也好，最初的最初依然是个谜。我突然意识到自己手撑着下巴陷入了思索中，觉得自己是不是有点中邪了。仔细想想，我怎么就对这两位不曾相识的陌生人的谈话如此痴迷呢？

这两位男子的谈话里不断地蹦出至今我从未听说过的话题，我居然不知不觉地被这些话题吸引住了，想想可不真是中邪了吗。

"顺着分支逐步追溯到主干，总会追到这个根源上。难道不是吗？"

"是会到达根源问题，但是到了又怎么样呢？我们还是要问这样的问题：最初的生命体或者最初的宇宙是怎么一回事呢？"

"前面还有？"

"对。"

——宇宙和生命的起源……刚才不是说过"智者"吗？那是什么意思呢？那是说，远比人类智慧的什么"人"设计了宇宙和生命？这听起来有点恐怖。

物种起源与生命起源的区别

宇宙的起源　　　　生命的起源

上帝　　智者　　自然

⇩

一切都是不得而知

　　"一般来说，每个过程都有开始和结束，并起承转接下去。这样的话，有了开始，但是这个开始之前的那个结束没有的话就不对劲了。不是这样吗？"

　　"这样转过来又转过去，那就搞不清楚了。也有可能是这样一圈一圈地转来转去的哟，像佛教的轮回一样。直线状的，还是圆圈那样的，就连这个也说不清楚。"

　　"是啊，要是圆圈的话，既没有所谓的开始也没有所谓的结束啊。"

　　"所以，关于这问题，目前的状况就是：一无所知。"

　　——说不清为什么，我倒觉得与其说是某个"智者"设计的，不如说是圆圈一样转来转去的。

　　"不过，如果说回到开始，那还是说有开始有结束，不是吗？"

　　"只考虑一圈的话，可能有开始有结束。但是，假设宇宙从大爆炸开始，膨胀然后收缩，然后又是大爆炸……这是循环往复的，所以会永远循环下去。"

"原来如此，这么回事啊。"

——嗯——那样就那样吧，这可不是令人愉快的话题。

⑤ 宇宙不止一个？ 多重宇宙

"有这样一种假说，它是超弦理论的假说：存在两个宇宙，相互靠近撞到一起，形成大爆炸，然后又分开。经过一段时间，在重力的吸引作用下又撞到一起。有点像振动的宇宙。如果是这样，就是永恒的循环了，既没有开始也没有结束。为什么呢？因为它们总是来来回回地重复。"

"存在两个宇宙？"

"还有一种说法哦，就是：存在无穷多个宇宙。"

"这可玩完了。"

——哈，终于聊到了我一直想知道的超弦理论的话题。今天能不能把这个理论搞明白呢？

"Univers 并不是指一个宇宙，Multi-univers 是指很多很多宇宙。"

"Multi-univers？"

——许多的宇宙？在这之前，不是说过从我们这个宇宙是出不去的吗？还有其他的宇宙？而且是很多？

"关于宇宙，也有宇宙进化论。宇宙不止一个，而是有许多，这许多的宇宙互相进行着生存竞争。在此期间，繁衍子孙能力较高的宇宙逐渐繁荣起来而且不断壮大，就是子孙满堂的意思。这样一来，宇宙也有父（母）辈和子孙辈，我们所处的这个宇宙只不过是某一代宇宙中的一个而已，实际上和我们这个宇宙一样的宇宙有很多。这样就有父（母）宇宙，从父宇宙派生出子宇宙。那么，子宇宙是怎样派生出来的呢？是从黑洞派生出来的。如果掉入黑洞看看的话，黑洞的另一端别有一番世界。这就是所谓的宇宙进化论。达尔文的进化论中，基因突变引起进化。换句话说，宇宙也有类似的突变进化。所以，一点一点地，父宇宙的形态和子孙宇宙的形态有所不同。人的遗传信息来自父母，但子女稍微有些变化。和这一样，与父宇宙相比，子宇宙略微有些不一样。有什么不同呢？生物的情形，就是DNA的信息稍有变化，所以后代的头型会发生一些变化，或者是身高什么的会发生一点变化。就宇宙而言，就是重力的强度稍微变一点，或者是电磁力的强度稍微变一点。"

——所谓的超弦理论难道是宇宙的进化论？和绳啊弦什么的一点关系没有？还有，关于宇宙也有进化论，这样的事还是头一回听说。普通人里边，有几个人知道这个事情呢？这是大多数人都不知道的事情，不是吗？

"这个思想也很有魅力。但是，每当有关宇宙的假说出现的时候，我总是觉得，到目前为止可以认为100%地解决了问题的假说一次也没有出现过。"

所谓的多重宇宙

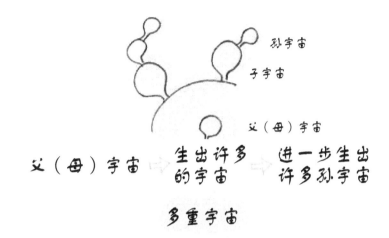

——那位外甥一边费劲地从烤肉串上扒鸡肉，一边不无遗憾地这么说。你想100%地解开宇宙的奥秘？那可不知道要花多少年啊。

  "宇宙的大爆炸，是膨胀、爆炸的循环往复，对吧。这个和存在许多宇宙这个话题有什么联系吗？"

  "存在许多宇宙的思想有点不一样。按大爆炸理论的说法，另外某个地方的另外的一个宇宙中形成了黑洞，这种可能性是有的。"

  "原来如此。"

——黑洞就是大爆炸？这可是头一回听说呀。说起黑洞，不就是什么都往里吸的黑咕隆咚的洞穴吗？我敢肯定我们大家上学的时候学校都是这么教我们的。

  "我们把黑洞形成的瞬间看作我们的宇宙诞生的瞬间。从父宇

163

宙的角度来看，所谓的大爆炸只不过是形成了一个黑洞，在时空中开了一个洞穴。但是，从处在这个洞穴里的我们的角度来看的话，这个新诞生的宇宙在扩大，持续不断地扩大，也就是说物质变得越来越稀薄。在这个过程中宇宙年纪慢慢变老，在我们这个宇宙中的某些地方也会形成黑洞，在时空中开出洞穴。这就像生孩子了，而且是生一大堆孩子。"

——什么？要是这样的话，父宇宙一个接一个生出子宇宙，其中的一个就是我们的宇宙？子宇宙出生后不断长大，又生出许多的孩子？几乎和生物一样，不是吗？

大爆炸的一个想法

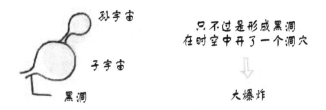

孙宇宙

子宇宙

黑洞

只不过是形成黑洞
在时空中开了一个洞穴

⇩

大爆炸

不断进化的宇宙

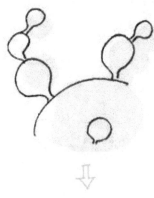

⇩

父宇宙=不断膨胀的宇宙

"这么说，所谓的父宇宙就是不断膨胀的宇宙？"

"也许吧。因为性质（物理参数）稍微有些不同，其中有一些宇宙可能膨胀之后又收缩。这和重力的强度的大小有关，如果重力很强，那不管怎么膨胀，由于自身重力的吸引终将收缩崩溃。有可能存在这样的宇宙。不管怎样，关于我们这个宇宙，据说是会加速膨胀的。"

"不收缩？"

"不会收缩，从现在的状况来看的话。"

"是吗？"

——你的意思是一直膨胀下去？永远？不会吧，那当然是不可能的吧？也许总有一天会收缩的！有许许多多的宇宙，各自的性质稍有不同……就像遗传因子不同一样？每个人的寿命是有限的，难道宇宙也像人一样，度过各自不同的人生？不对，各自的'宇宙生'？

"有了多宇宙的思想，就不必解释我们所处的这个宇宙是特别的。这一点受到了物理学家的热烈欢迎。"

"为什么？"

——为什么呢？

"为什么？因为根本就没有必要提出这样的问题：我们所处的这个宇宙为什么是特别的？回答很简单。"

"也就是说，我们所处的这个宇宙根本就没有什么特别的。"

165

我们所处的宇宙没有什么特别的

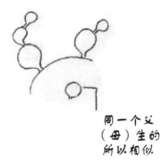

同一个父
（母）生的
所以相似

多宇宙的思想

⬇

我们所处的宇宙没有什么特别的

⬇

因为可能存在无数的宇宙

"和我们相似的宇宙有许许多多，和我们完全不同的宇宙也有许许多多。有无数的宇宙，在无数的宇宙当中，我们只不过是偶然地住在了现在这个宇宙里。可以这么解释，对吧。这样一来，人类这个智慧生命体的诞生也没有什么不可思议，因为存在无数的可能性，偶然诞生了人类而已。既有长成别的模样的宇宙人，也存在那种没有生命的宇宙。这样考虑，物理学家们总算能安心了。"

——嗯——这么说起来，的确是有一种安心的感觉。也许，在某个地方的另一个宇宙里有一个生命和我一样：上班，在回家的路上喝上一杯小酒，到家后看一会儿电视，然后睡觉。有的宇宙只包括茂密森林的星球，有的宇宙只包括浩瀚海洋的星球，这样不也挺好吗？你还别说，真有点意思。

"这么说的话，假如有三个宇宙，每个宇宙中都有人这样的智慧生命。这三个宇宙中的人思考宇宙问题时，他们得到的结论是一样的吗？"

"也许一样吧。"

——一样吗？某个宇宙中的人类进化缓慢，才到石器时代，有的宇宙中的人类文明比地球人还要发达，这恐怕是有可能的。

"那就是说，多重宇宙假说是对的。"

"多重宇宙假说最大的问题是无法用实验验证。"

"哈哈哈，那当然是无法验证的。"

——就是啊。没法去别的宇宙做实地考察呀。

"这个无法验证的假说，就是所谓的人类原理。为什么这个宇宙适合我们人类生存呢？那是因为我们人类生存在这个宇宙中。这个假说明目张胆地用循环论证的方式回答这个问题。也就是说，这个回答是人类中心主义的回答，只能看到重力的强度、电磁力的强度、宇宙的密度——所有这些都是为了便于人类生存而产生的。从宇宙进化的历史进程来看，也只有当前这个时期存在我们这样的生命体，因为大爆炸刚刚结束的时候人类不可能存在。"

人类原理

多重宇宙

存在无数的宇宙

人类原理

（为什么这个宇宙适合人类居住？）
（那是因为我们住在这里啊）

——人类原理……我连这个名词都没有听说过。唯物论呀，唯心论呀，这样的名词倒是听说过……人类中心主义这个玩意儿，说起来也的确是，比如教科书只从人类的视点进行编写。人类这样观察了，发现了这个，发明了那个。的确，为了方便人类生存，地表1个大气压、有森林、有海洋、有月亮、有星星……嗯——如果想要验证这个答案，只有让来自其他宇宙的智慧生命去观察去实验。

⑥ 火箭靠反冲向前推进——推进原理是原始的

"物理学是从简单、本质的层面考虑问题的。推导出了某个理论之后，逐步讨论各种具体条件的具体情况，得出这种条件下是这样的，从而给出指导方向。"

"是的。"

"然后去除表象让本质显露出来，这种思维方式相当了不起啊。去除各种各样的表象这件事情，恐怕这是最难的，对吧？"

"是啊，本质原本就不是显而易见的，逐步地让本质显露出来是一件很困难的事情。"

 "要在脑子里创造出理想状态吧？"

 "对，对，在脑子里想象。"

 "这个，真了不起。"

——推导出了某种理论之后，逐步讨论各种具体条件的具体情况，把表象去除？嗯——这段话有些听不懂啊。

比方说那位外甥正在吃的煮杂碎吧，端上来之后，就会思考这道菜的调味和炖法。考虑完这些问题之后，进一步考虑做这道菜的材料，以及这些材料是从什么地方弄来的，是这样一种感觉吗？

物理学的思维方式

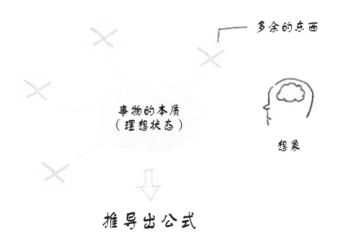

——说了不起也是了不起，不过，我觉得似乎没有必要这样吧。难道这就是所谓的物理学的世界。

"如果没有这个会如何呢？这样发问就是想象的世界了。假如你问如果没有空气的话会怎么样，一般人会笑掉大牙，他们会说如果没有空气，人就死定了。如果没有空气，物理会是怎样，正是问出了这样的问题才导出了漂亮的公式。而且一旦导出了漂亮的公式，逐步地加入空气的影响，就可以进行近似计算了。"

——就拿"煮杂碎"这道菜来说吧，是不是应该这么思考——如果没有那些动物杂碎会变成怎样？煮杂碎这道菜里，没有杂碎就不是煮杂碎了啊。但是，考虑一下，如果没有杂碎这道菜的味道会变成怎样？那到底还是不加杂碎就不是这个味道——是应该这么做结论吗？再进一步，是不是还要考虑加入多少杂碎这道菜的味道最好呢？也许我的这种理解可能是完全错的。

"说到这个，我想起宫泽贤治在他的著作中把真空的世界说成是以太的世界。过去的人们有过这样的想法？"（宫泽贤治，日本100多年前的一位无名人物，32岁时因病早逝，留有《银河铁道的夜晚》一书。40多年前这本书被学者发现并研究，一时轰动日本全国，死后几十年成了著名作家。——译者注）

——yi tai？是什么东西？

"什么也没有的状态是很难去想象的啊。认为真空就是什么东西也不存在的那种状态，我觉得这是一个伟大的想法。尽管如此，但是随着研究水平的提高，量子力学出现以后，发现真空并不是什么东西也没有。"

"真空状态竟然不是……"

——什么？真空不是什么都没有？那真空中有什么呢？

"即便在真空中，有一种被称为假想粒子的东西在产生和消失。这种不确定性原理真是很有意思，能量和时间之间也是存在不确定性的。具有能量就意味着有物质的存在。"

"有能量就有物质存在。"

"这是物理学中关于'存在'的定义哦。"

——这个我知道。

真空与假想粒子

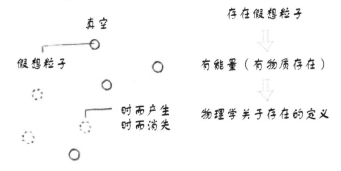

"这个能量存在不确定性。"

——这个"不确定性"是什么玩意儿？

"就是这样一种想法：短期内是可以借来能量的。这个从别的地方'借'来的能量就叫做'假想粒子'。但是时间长了的话，必须把这些借来的能量还回去，所以假想粒子就消失了。"

这有点像无息贷款一样。"

"哦——短期贷款的话就没有利息那种贷款。"

"也就是说，近代物理的结果来说，真空就是一种'无息贷款'状态。在真空中，基本粒子时而产生，时而消失。所以它不是完全不活动，只是这种活动'不收利息'，所以到最后看不出有什么变化，像什么都没发生过。"

——无息贷款？一周内还款的话，不用还利息，是这个吗？发生了钱的借贷，但是没有产生利息。嗯——钱在流动，最终还回去了，就好像什么也没有发生。

"我没有去过真空世界，我不知道，真空世界到底是怎样的世界呀？"

"用抽气泵把密封容器中的空气抽出来，当空气几乎被抽光了的状态就叫做真空状态。不过，把空气完全抽干净是不可能的。"

"地球漂浮在宇宙中，对吧。这样的话，空气黏在地球上一起旋转？"

"对，就像人穿着衣服转一样。"

——是吗。地球穿着一件空气衣服围绕着太阳转？

"说到这，稍微说说宇宙火箭吧。"

——今天这两位的话题真是东一下西一下。开始说的分明是伽利略啊。
啊，今天这两位喝了很多酒，是喝多了？我也喝了不少啊。

地球的状态

真空世界

空气黏着地球

地球

"关键应该是逃逸速度。"

"逃逸速度？"

——逃逸速度？从哪里逃逸？从地面上？

"逃逸速度，就是11.2千米/秒。超过这个速度就可以逃出地球引力的范围，如果小于这个速度就落回地球的引力范围。"

"哦，是指这个意思啊。"

——哦，不是地面，而是指逃逸到不受地球引力的地方的意思啊。

"逃逸速度有两个，其中一个，比如人造卫星的速度，也叫做第一宇宙速度，7.9千米/秒。小于这个速度就掉回到地球上，大于这个就成为地球卫星。不过，速度太快的话，就飞得更远，如果超过11.2千米/秒，就脱离地球。"

——成为卫星？嗨，电视新闻不是常说卫星进入轨道嘛。绕着地球转的状态吧？那个速度大约每秒8千米？超过这个速度就可以摆脱地球的引力，是这个意思吧？

"比方说，向火星飞去的火箭关闭发动机在宇宙中匀速飞行，对吧。这个时候用剩下的燃料加速的话，速度会无限增大吗？"

"不，不会增大。"

宇宙火箭

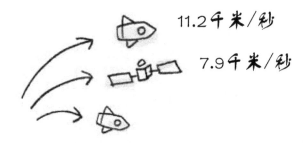

11.2千米/秒

7.9千米/秒

宇宙火箭逃逸条件

最小逃逸速度为11.2千米/秒
大于11.2千米/秒，脱离地球
7.9千米/秒～11.2千米/秒，成为卫星
小于7.9千米/秒，坠落地面

"那是为什么呢？"

——那是因为飞行途中燃料用完了，不是吗？

174

"首先是能量从哪里来的问题。喷射燃料的情况下，火箭把自身所带的燃料向后喷射，依靠这个喷射的反冲力向前飞行。也就是说，火箭做的事情就像你坐在船上往船后扔东西一样。被反冲力推着运动，就这么简单。虽说是喷射燃料，简单地说也就是往后扔东西。火箭的飞行方式其实相当原始。"

"是——吗？"

火箭原理

喷射燃料的情形
原理是一样的

"火箭到了宇宙空间，也继续喷射燃料，燃料逐渐消耗殆尽。火箭自身携带的燃料耗尽之后，没有东西可喷，再也无法加速了，因此不可能无限地加速。"

——喷射燃料，感觉有点像在湖里用桨划船？你不断地把水往后划，船就向前走，停止划桨，船马上就停下。

"可是，真空中没有空气阻力，不断地喷射燃料的话，不就越

来越快吗？"

"没错，不断喷射就变快，但是燃料总会有喷完的时候啊。"

"确实如此。"

"没有东西可喷了，速度就无法再加快，也就是说停止加速。"

所谓的掠飞

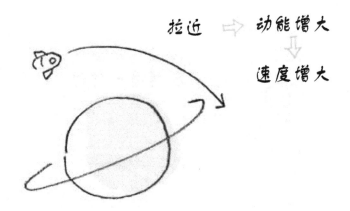

——就是嘛，和划船的原理是一样的。很意外，火箭居然这么原始啊。

"还真是这么回事呀。不过，没有其他了？"

"比方说，尽管也是非常原始，就是火箭从大行星的旁边掠飞的方法。大行星旁边的重力引力很大，火箭会被吸引。也就是说掠飞，就是利用被大行星短暂地吸引来增大能量。"

"就像扔锤子一样。"

"对，对，让谁帮忙扔一下。"

——是吗？也就是说，像是在河面上借助激流提高速度那样。脱离激流之后又恢复到缓速状态。这个比喻还是比较贴切的吧？

"光是世界上最快的，所以用光击打宇宙飞船的尾部来加速，这个主意行不行？"

——这个总归是不可能吧。喂，老板，再来一瓶酒。今天喝得真不少啊。大概是因为跟上了他们谈话的节奏吧。

"有一种利用光的办法，就是利用solar sail，即太阳光帆。为了能够捕获大量光，做成平板一样的东西来接收太阳光，利用光的压力推进。"

"太阳光？"

——什、什么？光的压力？光有压力吗？我可真不知道。

太阳光帆的原理

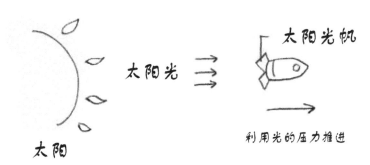

"不过，离开了太阳系的话这个就不行了。没有了太阳光，就好比帆船没了风一样。"

——噢，的确是哦。那个飞船是利用太阳光的帆船，而不是用桨划的木船。

"飞船不能自己制造出强度极大的激光光线什么的，照到船尾使飞船前进。"

"这个不行。"

"啊，对呀。用绳子把自己的脚绑起来，然后自己拽着绳子想往高处飞，那是不行的——"

"就像憨豆先生一样。"

——憨豆先生，谁呀？想出这个蠢主意的那个人？用绳子拉着自己的脚蹦高，那绳子多碍事啊。超弦理论难道会是"憨豆先生"所为？不会吧？

"明白了，原来如此。那反过来，一些作为物理动力的非常原始的动力，比如风力、水力什么的。这些在真空中没有任何意义？"

"真空中没有空气，也就没有风力。"

"啊，是哦。没有空气。"

——也没有太阳风什么的？可以利用利用"太阳风"吗？

⑦ 能量是物理学的最重要课题

"能量是物理学的最重要课题。实际上，给物理学多少财政预算与如何解决能源问题密切相关，因为我们的社会如果没有能源的话就没有电源，这样整个社会就会崩溃。比如，有人说全部用风力发电就可以解决。但是根据测算，必须把山手线（东京有轨电车的一条环线。——译者注）内布满风力发电机才有可能获得与一个核电机组相当的发电量，因此全靠风力发电是很不现实的。从能量效率的角度来看，目前核电站的效率最高。"

能量效率的比较

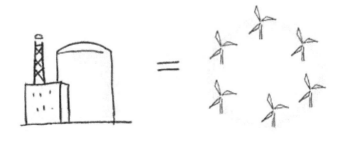

核电站
1个机组
投资3000亿日元

风力发电站
4000个机组
投资10000亿日元以上

——哎，怎么会这样？现在到处都在建造巨型风车搞风力发电，这么说，那种做法意义不大？山手线以内的话，那个面积可是不小，东京23个区大约一半以上在其中啊！

"原来如此。"

"为什么国家会不顾多数的反对意见而建设核电站呢？因为核电站是解决能源问题的最现实的途径。的确，里面牵涉各种利益关系，使得核电站的公众印象很糟糕。尽管很多人讨厌核电站，目前还真没有好的替代途径。"

——太阳能发电也不行吗？还有，潮汐发电、水力发电等，似乎还有很多办法嘛。

"我对能量效率问题知道的不多，也不反对核电站，我觉得可以理解。不过，我觉得这个替代能源的问题，不用再全国或全省规模上考虑，哪个地区需要就让哪个地区自己去解决好了。"

"但是，日本这样的国家恐怕很难。制造产品卖到国外赚钱，这个基本活法是没法改变的。"

"是的，过去到现在都没有变过。"

"就是把产品变成所谓的软件或者是技术什么的，如果不加工产品卖到国外，日本是无法生存的。为什么呢？因为日本没有能源，必须从别的国家购买能源。而且，不使用能源的话就无法制造产品，这就好像成了一种死结。有人会说，那我们减少能源消耗不就结了吗？这个也很难啊。"

——也就是说，日本要是能产石油那可就爽了。就像阿拉伯国家那样，靠着石油过得多滋润啊。

"如果日本人口少点，能源的消耗就会少一点。但是，支撑目前这样的人口那是不可能的。北欧的小国经济发达，是因为他们的能源足以养活他们的人口。"

"原来如此。他们的生态能源足以维持啊。"

"人口少的话，各地建造风力发电站，就能够满足相当一部分的需要。但是日本人口太多，风力发电要达到那样的规模是不可能的。"

——就是嘛，这么狭小的国家挤着一亿人呐。而且还是山多平地少，建设风力发电站那样的大装备的场所压根就不够。

为什么风力发电无法满足需求

利用风力发电
土地不够

日本人口
1亿2000万

实际上无法满足需求

"是不行。东京若洲大众高尔夫球场的旁边就有一个风力发电机，那叶轮的直径差不多有80米。这么个大家伙能不能供得起1000户的用电还很难说。作为现实问题，我觉得风力发电无法满足日本的需求。"

——若洲的那个东西，是风力发电机？1000户人家，也就是一条街的样子。这么算，的确不够用啊。

"对，考虑一下人口就明白了。要说东京的人口，有个1200万到1300万吧。只有把东京的所有土地都建成风力发电厂才能供得起这么多人的用电。"

"很麻烦的问题啊。不过，也并不是没有替代核电站的途径，对吧？"

"核电而言，只有核聚变了才有可能取代现在的核电站。"
"核聚变？"

——什么？核聚变！？那个，不危险吗？

"星星闪闪发光，就是因为星星内部正在发生核聚变。"

"与核裂变有什么区别？"

"现在的核电站，铀等原子质量重的元素分裂成原子质量轻的元素，同时放出大量的能量。核聚变正好与此相反，氢等较轻的元素聚合到一块儿变成更重的元素，同时放出大量的能量。"

"听起来有点怪怪的。重的变成轻的也好，轻的变成重的也好，都会放出大量的能量。"

——嗯——很奇怪的东西。都是怪怪的。

"比铁更重的元素分裂成较轻的元素，这是核裂变。比铁更轻的元素聚合到一块儿变成较重的元素，这就叫核聚变。铁元素是一个分界线。"

——是吗，是这么回事吗？炸弹和能源的分界线是铁元素？不过，不管核裂变还是核聚变，不是都很危险的吗？

核裂变与核聚变的区别

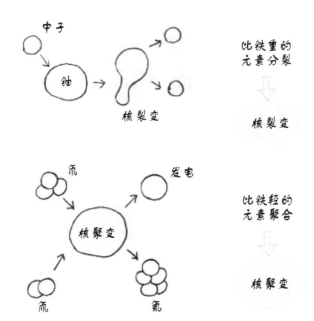

"现在有核聚变发电站吗？"

"要把核聚变发电站推向实际应用，据说还需要20年以上的时间。与核裂变不同的是，核聚变不产生核废料，是绿色能源的标志性存在。"

——要花这么长时间啊……不会产生核废料，好不容易有如此绿色的能源，要是不能实现就太可惜了。

"假如能够提供全球所需的能量的话，就不会发生能源争夺战了。"

"也许吧。"

"也就是说，纷争就没有了？"

"不是还有食物争夺战嘛。不过，如果食品和人口数量稳定、能源有充分保障的话，就没有必要发动战争，因为大家都可以得到满足。"

"但是，人心是很难满足的。老是出现那种故意挑起事端的人。"

"是啊，对于人来讲，不仅仅是生存的问题，还有其他多余欲望。"

"是有多余的奢望。"

"所以，就会有各种各样的欲望争夺战。"

"根本上讲，人是永远无法满足的动物。"

　　——说完，那位舅舅把最后那点酒倒上，一饮而尽。我也稀里糊涂地跟着他把我壶里的酒一饮而尽。不知怎地，心里觉得人类要是不出现在地球上该多好啊。

　　如果没有人类，森林就不会遭到砍伐，也不会有什么温室效应，更不会有战争。这些胡作非为都是为了满足人类奢侈的生活……

　　"差不多该走了。"
　　"是，是。老板，买单！"
　　"啊，对了，今天的碰头会是为什么事？"
　　"新闻栏目那边有一个一周中每天让不同的嘉宾主持人到各地采访的计划。但是今天到那一看，计划变了。"
　　"那个节目好象也很辛苦，现场直播是吧？"
　　"每次累得胃都受不了。"

"下周，没问题吧？"

"没问题。"

——二人结完账，和往常一样让老板叫出租车，然后穿上大衣走出了店门。是什么新闻栏目呢？那位外甥做新闻节目？好象说了一周中每天由不同的嘉宾主持，是不是他自己周几做嘉宾是定好了的？要是晚上的节目的话，我倒可以看看，白天或者傍晚的节目就难喽……

管他呢。下周还来这……关键是一定要拿出勇气，试试看，又不会有什么损失。就这么办！

说着说着就到了第五夜!
"科学之夜" 就要天亮了

　　我决定搞清楚他们二位的身份,然后实施在我脑子里转了很久的计划。如我所期,那二位出现在了那个小酒馆。从宇宙的诞生到核聚变、维度的话题,还有在他们聊到最后的时候,我也采取了行动!

第五夜
说着说着就到了第五夜！
"科学之夜"就要天亮了

　　那位外甥的身份终于搞清楚了。用"星期几，嘉宾，现场直播"做关键词在互联网上搜索了一下，马上就找到了。去年秋天以来，N电视台节目内容焕然一新，上了新的晚间新闻节目，那位外甥在星期二的节目中做评论嘉宾。网站上面有他的照片，肯定没有错，而且这还是一个午夜节目，让参加节目的嘉宾做难解的数学题，他隔周做这个节目的评论嘉宾。

　　点击进入他的个人网页看了看，他似乎是专门写科普书籍 的作家，最近出了一本畅销书。难怪他嘴里老是蹦出"超弦理论"这个名词，原来他在读研究生的时候做过这个理论研究。终于知道了"超弦理论"这几个字是怎么写的，《何谓超弦理论》这本书就是他写的。说实话，我买了这本书看过几页，但是实在太难，根本就……

　　不过，有两点还是理解了。一是那个所谓的"超弦"据说是构成宇宙中所有物质的基本要素；二是尽管我搞不明白，超弦理论是"终极理论"的有力竞争者。

　　关于那位舅舅，也搜索了一下，可还是没搞清楚。用"章夫，广

告作家"做关键词，无法确定哪位"章夫"就是这位"舅舅"。

不管那么多，反正我已下定决心，做好了准备。今天又在这里碰上他们的话，我要实施我的计划。

和以往不同，我怀着紧张的心情进入了小酒馆。那位外甥也是刚刚在吧台角落的位置坐下。我和以前一样，隔着他一个位置坐下，脑子里一直在想什么时候实施我的计划呢？

"谢谢光临！今天的鱼很不错哦。"老板一边拿出小菜一边对我说。

"那好，您给我挑三种拼一盘吧。然后来一壶'浦霞'酒。今天的小菜是什么？"

"好像节气还有点早，这是小竹春笋尖。"

"春天了？"

"有点春天的意思了，不是吗？"

老板的这份用心，让人挺愉快。我刚要用筷子夹笋尖，那位舅舅拉开店门进来了。

"哎呀，饿死了。"

"还没有点菜，吃点什么呢？"

二位点了几样下酒菜，干了一杯，然后就开始聊上了。

① 曾经像炼钢炉那样高温的电磁波，
现在的温度是-270℃

"最近在电视新闻节目中谈到了宇宙的年龄和诺贝尔奖的话题。2006年的诺贝尔物理学奖授予了NASA戈达德宇航中心的琼·马哲和加利福尼亚大学贝克利分校的乔治·斯姆特。他们既可以被称为天文学家，也可以被称为宇宙物理学家。他们的学术贡献是：利用COBE卫星发现了宇宙辐射背景的各向异性。"

——哇塞，今天一上来就是这么难的话题。宇宙的年龄？这个事情现在也知道了？可是，"宇宙背景辐射"、"各向异性"这些名词我完全不懂。

"各向异性是什么意思？"

"各向异性就是指不同方向的性质不同。COBE卫星是1989年发射的，它拍到了这样一张照片。从地球拍摄的整个宇宙各个方向的照片。"

利用COBE卫星

全方位拍摄
整个太空！！

"前后、左右、上下360°全部？"

——是吗？这样的话，地球周围360°的样子都可以拍照。可以拍到离地球多远的地方呢？

"宇宙背景辐射就是充满在整个宇宙的原始的辐射。辐射也就是电磁波，这里主要是指微波。微波炉利用的就是微波，微波炉加热的时候温度能够达到很高。宇宙在遥远的过去也是处于高温状态，就像是炼钢炉里面的状态，后来慢慢冷却温度下降。也就是说，微波和温度是对应的。现在，这个温度非常低，只有2.7度（热力学温度）。"

"2.7摄氏度？"

——宇宙中充满了电磁波？这么说，现在的宇宙温度是近似于严冬时的温度。不过今年可是暖冬。

"2.7度不是2.7摄氏度，热力学温度的2.7度。−273摄氏度是绝对温度的0度，比这高2.7度，用摄氏温度就是−270摄氏度左右。与−270摄氏度这个温度对应的电磁波充满了整个宇宙，这是宇宙大爆炸的证据。为什么说这是证据呢？宇宙中到处都充满了电磁波，宇宙在比较小的时候温度应该更高，由此追溯过去，宇宙的开端就好比是从一个小小的炼钢炉开始的，这和大爆炸假说完全一致。"

"是这样啊。"

大爆炸假说与温度

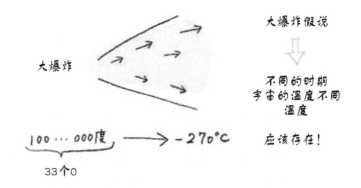

大爆炸

大爆炸假说

⇩

不同的时期
宇宙的温度不同
温度

$100\cdots000$度 ⟶ $-270℃$ 应该存在！

33个0

——哦，不是2.7摄氏度，而是热力学温度的2.7度。−270摄氏度……宇宙这么冷啊？那，宇宙开端之时就像是炼钢炉那样热？然后现在降到了−270摄氏度？这就是宇宙大爆炸假说的证据？我还是有点不能理解。

"获得诺贝尔奖的那两位科学家所做的工作，在某种意义上讲，就是完全地验证了宇宙大爆炸假说。除此之外，看一看COBE卫星拍的照片，颜色不一样，这代表温度的差异。宇宙各处的温度不是相同的，这张照片就说明这个结论。"

——那位外甥从背包里掏出了一张纸。那是什么？就像放在桌上的一枚鹌鹑蛋，呈椭圆形，颜色斑斑点点的……

"的确有些地方颜色不一样。"

"从颜色上可以看到很多色块——好比是宇宙中的'村落'。这些色块就代表银河或者恒星的种子。因为它们和背景辐射存在温度差异。"

"稳定差变成恒星的种子？"

COBE卫星拍摄的全方位太空照片

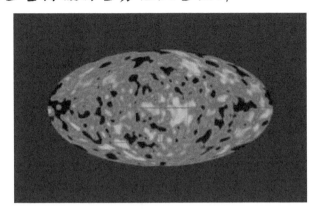

——恒星的种子？温度的差异？

"均匀散布在汤里的碎肉末，即使继续加热，肉末的周围也是不会结团的。如果要结团，那就只好降温冷冻。雪的形成也是这样的。雪从高空往地上落的时候，首先要有一个尘埃似的核心，从这个核心慢慢长出雪的晶体，然后才能形成雪花。和形成雪花的那个核心类似，这些色块是恒星的种子。COBE卫星证明了宇宙的各向异性，实际上很多很多的人参加了这项工作。成百上千的科学家和工程师参与了卫星的发射、实验数据的分析以及和理论结果的比较等等工作。作为对这个项目团体的褒奖，诺贝尔物理学奖被授予了这个团体的代表人物——琼·马哲和乔治·斯姆特。另外，2001年，COBE卫星的第二代——WMAP卫星被发射升空，目的是想更详细地观测由各向异性导致的宇宙'村落'。COBE卫星用6000像素拍摄全方位太空图片，而作为第二代的WMAP卫星用300万像素拍摄全方位太空图片，像素分辨率剧增。因此，仅从WMAP卫星发回来的数据就确认了，前面提到过，宇宙的96%仍然还是个谜，我们所知道的仅仅是4%。这96%的谜团里面，有73%是暗能量，

23%是暗物质。"

"暗能量和暗物质啊。"

WMAP卫星拍摄的全方位太空照片

——这个"暗"什么的以前听说过，但是一直就没明白过。似乎不是什么重要的事，不过6000像素或者300万像素，分辨率也太低了吧？现在的数码相机，很多都比这高得多的呀！

"还有，宇宙的年龄是137亿年，就是通过WMAP卫星发现的，这开创了宇宙研究的良好开端。2006年的诺贝尔奖针对的是这第一阶段的成果，再过几年，WMAP卫星项目团队的代表人物还有可能获得诺贝尔物理学奖。"

——经历了137亿年，宇宙的温度从炼钢炉那样高降到了−270摄氏度。这是宇宙大爆炸假说的证据，而找到了这个证据的科学家获得了诺贝尔物理学奖。

"首先肯定原创性的成果，是这样吗？"

"从2002年田中耕一获得诺贝尔化学奖可以看出，诺贝尔奖倾向于授予那些开创某个新研究领域的人，也就是最早开始某项研究的人。所以2006年的物理学奖授予了COBE卫星有关的两位学者。不过，不仅COBE卫星这样不同寻常的观测设备能够观测宇宙背景辐射，就是我们日常生活中也可能看到或者听到宇宙的背景辐射。比如，通过天线收看电视的时候显示屏上出现的雪花点，那里面有百分之几的部分可能就是宇宙背景辐射引起的。还有手机和小灵通电话的杂音中也有百分之几是源于宇宙背景辐射。"

"就在我们身边？"

——电视机的雪花？那个沙沙响一片灰色的玩意儿？那其中夹杂着来自宇宙的电磁波？

"要说宇宙背景辐射是什么，实际上就是宇宙诞生大约38万年后的宇宙信息。现在还能听到这些信息就是因为宇宙在不断地膨胀。宇宙膨胀得非常迅速，瞬间向整个宇宙辐射电磁波，那个时候辐射出来的电磁波直到现在才传到我们地球。"

"延迟了这么久才到呐。"

"是的，延迟了很多。正因为这样，我们才有幸听到宇宙诞生38万年后的信息。也就是说，我们听到的信息是距今137亿-38万年近似宇宙刚诞生后的信息。"

"听电视机的雪花声，简直就是听遥远过去的宇宙之声啊。"

——我有一个简单的问题，为什么只能听到距今137亿-38万年这个时间的声音，在这之前的声音到哪去了呢？

宇宙背景辐射

电视机的雪花　　手机和小灵通电话的杂音

有百分之几是宇宙背景辐射

宇宙诞生38万年
后的宇宙信息

"虽然我们电视机的雪花以及手机的杂音当中接受到了这些宇宙信息，但是我们通常并不知道。利用卫星进行全方位太空观测分析，才得以发现这些信息，知道了这些信息其实就在我们身边。"

"那些电磁波不会消失吗？"

"不会消失。"

"那是为什么？不是宇宙大爆炸的时候发出的电磁波吗？大爆炸结束了电磁波的发射不也就结束了吗？"

——我也这么想。

"电磁波是一种波，宇宙膨胀增大的同时这些电磁波也会被拉伸，波长随之变长。"

"哦哦，就像是永无休止的海边波浪。"

"电磁波一直都存在于宇宙中。"

"无论何时，宇宙起始之初，电磁波源一直都有啊。"

——嗯，波浪……从宇宙的深处向我们滚滚而来的浪潮声，夹杂在我们的电视机雪花和手机杂音之中，听到了吗？

电磁波不会消失

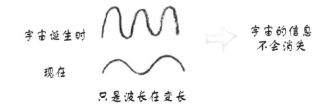

"宇宙诞生的瞬间就像是个炼钢炉，无数的电磁波被封闭在炼钢炉（宇宙）内。随着宇宙'嘭'地一声膨胀开来，电磁波的波长也被拉伸变长。波长变长就意味着温度下降。"

——是这样的，波长变长，温度下降。即便如此，降得也太低了吧，−270摄氏度啊。

"那样的话，温度不断下降，最后的最后会变成什么样呢？"

"据说宇宙现在正加速膨胀，因此温度依然不断下降。这样不断地下降，一直到接近热力学零度，宇宙的活动几乎消失，我们也只能看到我们所在的银河系。一句话，宇宙星空再也看不着了，在漆黑中，宇宙渐渐地死去。"

——宇宙也是有生有死啊。而且偶然地也会生下一个叫做"黑洞"的孩子，繁衍子孙后代……

"感觉有点莫名的凄凉。我想问一下，刚才说的最初的38万年这段时间发生了什么事情呢？"

星空也即将看不到了

现在可以看到星空
（宇宙的信息）

将来会完全
看不到星空

"关于最初的38万年，我们现在看不到那时的光。为什么呢？那时的宇宙温度太高了，光与物质直接发生相互作用。这个阶段宇宙中物质的那一部分和光的那一部分，相互交替转换。也就是说，能量的形态相互转换。换一种说法，熔化得黏黏糊糊的那时的宇宙是不透明的。光被物质吸收，物质又向外部辐射出光，这样光就无法自由地直线传播了。因此，最初38万年的光子所携带的宇宙信息消失了。这意味着什么呢？就是说，在宇宙诞生后的38万年间，压根就见不到光。也就是说那个时候的电磁波还没等走多远就被物质吸收掉了，根本就飞不出来。"

——哈哈，是这样的啊。宇宙诞生后的38万年间，宇宙不发光啊。长了38万岁，终于发光。就像是婴儿好不容易长大成人了。

"所以，宇宙诞生38万年后的信息现在才到达我们地球，是这个意思吧？那，用温度来衡量，熔得黏黏糊糊的宇宙最初的状态的温度大概是多少度呢？"

"最初状态的温度是多少？如果不采用超弦理论就无法回答这个问题。超弦理论中有这个温度，被称为哈戈顿温度。"

"哈戈顿？"

——又是这家伙最得意的"超弦理论"。哈戈顿？好可爱的名字啊。

"哈戈顿是人的名字，哈戈顿温度大约是10的33次方摄氏度，也就是34位数左右那么高的温度。这个温度也叫做普朗克温度，据说宇宙是从这个温度开始演化的。"

"这可是了不得的温度啊？"

所谓哈戈顿温度

哈戈顿温度（普朗克温度）

1.4×10^{33} K（开尔文

＝

热力学温度单位）

——拜托，把那个普朗克温度什么的转成摄氏温度好不好。完全没有概念啊。熔化玻璃的坩埚的温度是600摄氏度到800摄氏度吧，炼钢炉的话大概1000摄氏度吧。什么？那个温度是34位数？

"不是炼钢炉的阶段。那么，最初的38万年是不是完全无法观测呢？也不是，可以观测重力。"

"重力？"

——为什么是重力？不是连光都出不来吗？

"有可能观测到类似重力波的东西。现在已经有可能读取到有关'大爆炸后几秒钟宇宙是个什么样的状态'的信息。"

——知道了大爆炸后几秒的信息！那可是太了不起了？不过，我不知道重力波是个什么玩意儿……

"观测重力波？"

"是的，所以，现在很多学者在搜寻重力波。重力相互作用很小，这个相互作用很小意味着与物质不太亲近，也就是说重力波不容易被物质吸收，很容易从物质堆里钻出来。这样的话，现在极有可能观测到。"

"可能性？那是不是现在还没有正经八百地被观测到？"

"有一种X射线天文台。那就是用来观测其他波长的电磁波的，能够观测可见光看不见的世界。还有一种红外线天文台，也是用来观测可见光之外的世界。COBE卫星以及WMAP卫星观测的是微波波段的电磁波，观测不了重力波。现在世界上许多地方都在研制重力波观测装置。可是重力波相当微弱，几乎观测不到。"

——什么呀。现在还不知道不是吗？是今后要探索，对吧？

"重力波这个东西是什么东西？"

"重力就是空间的扭曲。也就是说某个地方有恒星爆发什么的，空间里就会出现扭曲。这样使得周围的空间里微波荡漾，一直向四周传播。这个和水面上清风徐来微波荡漾的影响相似。空间自身在振动。所谓观测重力波就是想观测这种空间自身的这种振动，也就是想看看空间的荡漾微波。"

所谓重力波

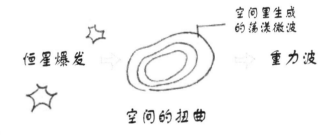

"就像把石头扔到水里的时候那样，宇宙全方位都发生空间的振动产生轻轻涟漪？"

——我在筷子上蘸上酱油往酱油碟里滴了一滴，碟子里的酱油泛起了微微涟漪。心想，是这种情形吗？

"是的。不过到目前为止没有人实际观测到重力波。重力波观测装置的构造极其简单，就是根长棒子，空心的那种感觉。通过测量这根棒子的振动观测重力波。由于重力波的信号非常微弱，如果有自动装卸车什么的经过这个装置的附近，这个装置就瘫痪了，因为车子什么的会引起很大的测量噪声。"

——啊？这么简单的东西？过个自动装卸车就完蛋？那，就得在人迹罕至的深山老林做这样的装置……

"这样的话，地球上很难测量吧？"

"最好应该在宇宙太空里观测。在地球上观测重力波就好比是在嘈杂的商场听人小声说话。现在正计划建造能够捕捉到重力波的卫星。"

——这样更安静更好啊。不过现在不是有所谓的隔音器吗，不能用到这上面？

重力波观测装置示意图

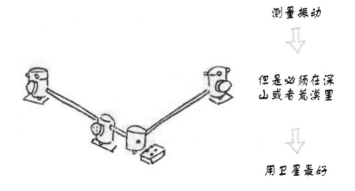

测量振动

⬇

但是必须在深山或者荒漠里

⬇

用卫星最好

"不能对重力波进行增幅放大吗？"

"很难进行增幅放大。不过一旦捕捉到了之后，就能够对信号进行放大。作为第一步首先要捕捉到重力波。可惜的是现阶段由于背景噪声太大还分辨不出重力波。"

"没有什么更好的方法能够把噪声和重力波区分开吗？"

——是啊是啊，用耳麦就可以，物理学家肯定能做出比这性能更好的东西，不是吗？

"现在还没有找到分离提取信号的方法。"

——啊，怎么会这样……

"重力波这玩意总会有些与众不同的特征吧。"

"别忘了重力这个东西无处不在。也就是说，重力是万有引力，因为是万有引力对所有的物体都发生作用。从这个意义说，我们周围的噪声源太多了，从中分离出初始宇宙的信息相当困难。"

"哦，是这样啊。咱现在这个屋子里也是有重力的呀。那，真的能从这么多的噪声源中把重力波分离出来吗？还有就算观测到了重力波又能知道些什么呢？"

——是啊！观测宇宙刚刚诞生时的重力波有什么用啊？

"是的，如果能够探测到重力波，就可以搞清楚宇宙的开端是什么状况。"

"能够知道宇宙的开端？！这是伟大的探索啊。"

——哈哈，到底又回到了这个话题。

"回到原先的话题吧。关于大爆炸假说，首先是阿诺·彭吉亚斯和罗巴德·威尔逊两个人由于发现宇宙背景辐射获得了诺贝尔物理学奖，因为这大体上验证了大爆炸假说。2006年的这个诺贝尔物理学奖，表彰的就是发现大爆炸假说中存在各向异性——温度差异这个成果。这个温度差异增大就形成了银河的种子，而后形成我们的宇宙。这么来看的话，宇宙论在物理学中真是核心研究领域。

——我觉得你就是个很有水平的专家。哦哦，你小子在读研究生的时候搞的就是宇宙论嘛，那当然是专家级水平喽！

探索重力波的意义

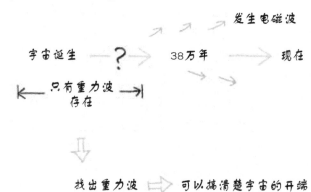

"现在是不是已经确定宇宙是从大爆炸开始的？"

"是的。虽然对宇宙大爆炸有两种理解，不过总体印象就当作大爆炸就可以。但是对于大爆炸最初的那个瞬间，什么也解释不清，因为宇宙大爆炸假说本身很模糊。从现象论的角度说，宇宙是从大爆炸开始的，但是涉及时间零点这个问题的时候，如果不采用超弦理论或者量子重力理论就无法处理了。"

"什么意思？"

——那本关于量子重力的书，我买是买过一本。实在是太难了，最后被我扔到一边了。对不住了。

"也就是说，最初38万年，这个阶段的宇宙不是量子宇宙。宇宙诞生后38万年的时候，正好变成了用大爆炸假说可以解释的宇宙。但是比38万年早很多很多，最初的那一瞬间还是无法解释。"

"是不是有个起爆装置什么的？"

"或许某个人按下了起爆装置。"

——说着说着，两个人不知为何大笑起来。有那么可笑吗？就我傻乎乎地被晾在一边。

"真明白了。我知道了'最终不知道谁按的起爆器'。"

——也就是说，就目前而言，大爆炸究竟是怎么发生的只有上帝知道，对吧？

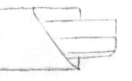

② 终极的绿色能源是氢核聚变

——还想要点下酒菜。老板，今天的推荐品是什么来着？哦，那好，就来软煮章鱼和油炸章鱼丸子。和这一样的酒再来一壶。

"我最近老觉得不可思议。这不是到处都在说能源问题吗？可是如果能把光全部转化成能量不就解决问题了吗？一年四季都晒着太阳啊。"

——这么说也是哈。在电视广告上，好像有那么一家公司在工厂的屋顶上全部装上了太阳能电池板，用它供电。

"我经常考虑的是能量效率的问题。詹姆斯·拉普罗克写过一本叫《盖亚的回响》的书，在书中一如既往地支持核电。理由非常简单，有人说用风力发电、太阳能电池等环保能源取代核电，明确地说，那是非现实的想法。不能认为这是国家为了回避核电站反对派而做的伪装工作。为什么呢？风力发电也好，太阳能电池也好，在效率这点上远远不如核电站。"

"有那么大的差别吗？"

——那，用太阳能电池给家里供电是不太现实的？

"风力发电、太阳能发电与核电相比，在效率这一点上是根本无法同日而语的，风力发电和太阳能电池的效率很糟糕。"

"也就是说，没有哪种发电方式能在效率上胜过核电。"

"前面也说起过，要发出一个核电站机组的发电量，必须在东京山手环线内这么大的面积上建满风力发电机或者是铺满太阳能电池板。大致是这样一种估算。"

核电站效率之高

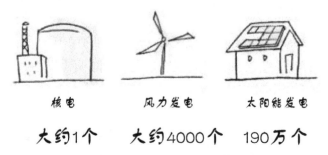

要发出100万千瓦的电量所需的发电机组数量

核电	风力发电	太阳能发电
大约1个	大约4000个	190万个

"那，东京的中心地带就不用住人啦。"（笑）

"是啊，发电设备占用的地方太大了，搞得用电的人都没地方待了。"

"原来如此。"

——效率就是生命啊。有这么大的差异啊。哦，我也读过布罗格的书，你这家伙持的是不反对核电站的立场吧。

"詹姆斯·拉普罗克也不是说核电站是最好的选择，只是说从现实的角度看我们只能选择核电站。"

——詹姆斯·拉普罗克？哦，就是刚才说的《盖亚的回响》这本书的作者吧。

"但是，你看哈，小学的时候不是玩过用放大镜聚焦太阳光把纸烧个洞的实验吗？不能用这样的办法把太阳光集中起来发挥作用吗？"

"太阳本身是拥有巨大的能量，如果能够在地球上高效率地收集的话就好了。但是，从地球整体来看，受到太阳光照射的同时各个地方的阳光保持着某种均衡。如果在把太阳光集中到某个地方，那别的地方的阳光就相对少了，不是吗？这样地球的生态系统就很可能被破坏了。这不又成问题了，不是吗？"

"这样啊，有可能破坏某种均衡啊。"

太阳能和生态系统的平衡

把太阳光集中到地
球上的某个地方

有可能破坏生
态系统的平衡

 "海水蒸发变成云，也是要靠太阳能。当然，我认为要把大量的太阳能集中到某一个地方是不太可能的。如果这么做，依靠太阳能生存的其他生命该怎么办？这不是问题吗？"

 "那可不好办呐。"

——这样子啊。假如在某个地方建造一个巨大的太阳光收集所，那它的下面毫无疑问将寸草不生，这反而是破坏自然环境。

 "不过，也许可以到宇宙太空中去，飞到另外一个宇宙中去收集太阳能。但是这样的话，要造出一块巨大的透镜可不是件容易的事。"

——这么弄的话，成本高得不得了啊。

 "詹姆斯·拉普罗克说，太阳是绿色能源，但是，如果不利用被称为人造太阳的核聚变发电站的话，仍然是无法满足人类能源需求的。我也赞成这个观点。因为核聚变发电站不同于核裂变发电站，不会产生核废料。"

——核聚变被称为人造太阳？在地球上制造一个太阳？这听上去好像是非常了不得的事情。不产生废料啊。所以，如果能够保证安全的话，那可真是最好的能源。

"那为什么现在的核电站不做核聚变发电呢？"

"现在的核电站和核聚变在原理上完全不同。核电站是利用铀或钍等的核裂变反应，把裂变产生的能量取出来发电。可是呢，仅仅是核的分裂，核裂变产生的其他原子核仍然具有放射性。也就是说，现在的核电站一直都和放射性物质纠缠在一起，废弃物燃料也是放射性物质，这样，核电站发电的哪个阶段都有核污染。放射性是指物质放射出射线粒子的能力、向周围不断地放射出各种射线粒子。射线粒子有很多种，过去给它们取了α射线、β射线、γ射线这样的名字，那时还不知道这些射线粒子实质是什么。α射线是由两个中子和两个质子构成的氦元素的原子核。β射线实际上就是电子。γ射线实际上就是光子。其他还有像中子等各种各样的粒子放射出来，这种放射出射线粒子的性质统称为放射性，各种各样的放射线粒子以很大能量放射到周围环境中。就像是一挺机关枪向外扫射。"

"就像是钉子炸弹啊，好恐怖哇。"

——没太搞懂。不管怎样，核电站产生的核废料含有放射性。这个要是泄露出来的话……确实很恐怖。
核电站到底还是很麻烦的。

关于核裂变

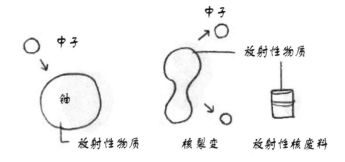

中子

中子

铀

放射性物质

核裂变

放射性物质

放射性核废料

永远和放射性物质纠缠不清

"当然，人要是接触到这样的东西，细胞就会出现坏死，最后人也死掉。所以必须对核废料进行密封保存，但是作为放射源始终都在辐射放射线。因此核电站是很危险的。"

"总是带有放射污染的危险啊。"

——是啊。那，你小子为什么不反对核电站呢？

"与现在的核电站相比，核聚变发电不是用具有放射性的原子核，而是用没有放射性的小的原子核，氢原子核。水里就含有氢元素，是安全的东西，即便发生核聚变也不产生放射性物质，一句话，是绿色的。其实太阳的内部发生的就是这样的核聚变，它就像是一个巨大的核聚变炉。在地球上造一个小的核聚变炉的话……"

"很难吗？"

"嗯，目前还做不到。全世界正在共同研究核聚变炉，搞了这么久还是不太顺利。"

——在什么样的机构中建设这样的小太阳呢？那恐怕是相当困难的事情吧。

 "理论上讲是可以建成的，对吧？"

核聚变的问题

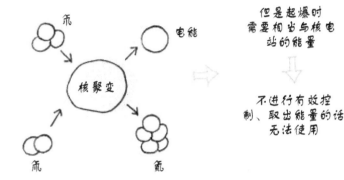

 "比如说，氢弹实际上就是核聚变。氢弹又叫做热核炸弹，简而言之氢元素炸弹，使用的是氢元素。但是起爆使用的是原子弹。"

 "起爆需要这么大的能量啊。"

 "用原子弹引爆，叫做爆缩，突然向中心施加巨大能量，使得中心能够发生核聚变。实际上恒星也是这个过程，恒星的中心压力巨大引起核聚变。也就是说，氢弹就是用原子弹爆炸的压力代替恒星的内部压力作用，使得中心发生核聚变，这样的一种原理结构。"

——法国在姆鲁罗亚环礁岛做的那次核试验，本身就像小太阳一样具有非常巨大能量的炸弹，其中还用原子弹来引爆的话，何等恐怖的武器呀……

"原来如此。简单地说是核聚变，但是要引起核聚变需要强大的力量。"

"但是，一旦发生了核聚变，那就会产生非常巨大的能量。原子弹和氢弹的能量相比完全不可同日而语，是数量级的不同。氢弹能量要大几个数量级。虽然说已经能够造氢弹了，但是很遗憾，现在还没有能够把核聚变的能量有所控制地一点一点慢慢取出来利用的技术。能够让它起爆但是不能有效控制的话就没有利用价值。"

"控制啊？"

——控制是什么意思？那个能量不能储存起来吗？

"核电站的情形，就是有所控制地把核裂变的能量一点点取出来发电，所以我们现在能够建造核电站。如果也像现在的核电站一样，能够把核聚变的能量有所控制地一点点慢慢取出来发电的话，就是正经八百的核聚变发电站了。"

"是这么回事啊。"

"也就是说，核聚变本身早就实现了，但是安定地控制核聚变还做不到。"

——哦，是这样的呀。必须一点点慢慢取出来吗？这就是所谓的控制的意思吧。突然爆发的话是不好弄啊。希望它能像真正的太阳那样一直安定地向大地提供能量。

"这么说的话也是。氢弹试验是很久以前的事了。可是，从那时到现在难道一点进展都没有吗？"

"氢弹试验的时候投入了非常大的财力，但是到核聚变发电研究的时候，投入的财政预算就没那么多了。用于军事目的的时候不惜重金，可是一到民用的时候特别小气。"

——是啊。军事方面多少钱都往里扔，涉及国民生活的事似乎就不想花钱了。

"要使核聚变发生，无论如何都需要和原子弹相当的能量吗？"

"用原子弹起爆是无法控制的，容易爆过头。必须让核聚变慢慢地长时间持续发生，所以现在正在研究使用强磁场，或者使用强激光从外围照射等方法。"

"不管哪种方法，从能量来讲，必须要有和原子弹相当的能量吧。而且还必须使核聚变持续的发生。"

"是的。"

——细腻地操控原子弹爆炸相当的能量并使其持续下去，是这么理解吧？这个从技术层面上讲是相当艰辛的事情啊。我用筷子夹起生鱼片里的紫苏。这种技术上的艰辛大概是这样的一种感觉：要用筷子把这枝紫苏上的花瓣一片一片地拔下来，而且绝对不能掉在桌上，否则就会爆炸……

③ 没有成为太阳的星星——褐色矮星

"看样子核聚变是可以控制的。你看太阳就一直持续着核聚变，不是吗？"

"为什么太阳能够持续？因为太阳内部拥有大量的氢元素。恒星差不多都是由氢元素组成的，总而言之全身都是核聚变燃料。还有就是重力的作用。太阳是难以想象得大，其重力非常强。因此太阳的中心承受着巨大的压力。木星尽管是行星中的大星，但与太阳比起来还是略小一点，所以没能成为恒星。如果它稍微再大一点就能成为褐色矮星。褐色矮星的大小正好处于木星和太阳之间。所谓矮星，就是小一号的恒星的意思，比普通的恒星小了一点。褐色的意思就是差一点就闪闪发光但终究没有发光。如果再大一点，中心的压力就足够大以至于能够点燃核聚变反应，像太阳一样自己发光了。"

所谓褐色矮星

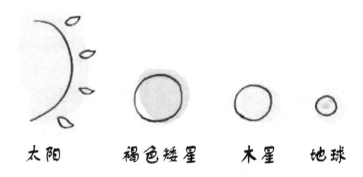

太阳　　　褐色矮星　　木星　　地球

——有点意思。褐色矮星，还是头一回听说。这二位的谈话内容有好多真是头一回听说。要是能用录音机把他们的谈话录下来就好了。哎呀，那不就成窃听了吗？就是现在这个样子竖起耳朵听已经是接近于窃听了。

"不能人工点火吗？"

"把两个褐色矮星拉到一起撞一下，或许能够点火。不过这好像有点难。"

"哈哈，哈哈，那岂止是有点难，把两个碰撞一起，让孙悟空去搬呐？！"

"哈哈，哈哈。问题是怎么把它们弄到一起。不过，从原理层面讲是可能的。"

——科学记者或者说科普作家的这位外甥，笑着放出如此狂言。虽然说是小一号的星星，但是星星总归是星星，什么人有本事把两颗星星拉到一起碰撞那么一下？这还叫原理上可能？

"这样的事情是有可能的？就算是可能吧，要成为太阳难道是由体积大小决定的？"

"体积上还是有某个界限的。小于这个界限就成为矮星，大于界限就成为恒星。不过，也许不会有特别小的太阳。如果特别小、特别重的话，那它的组成成分就不是氢元素，而是更重的元素了。更重的元素，意味着核聚变点火就更难。"

"这又是什么意思？"

——把重的物质点着？

"氢元素之后能够核聚变燃烧的就是氦元素。氢元素燃料全部核聚变燃烧完了之后，就轮到燃烧氦了，再接下去就是锂元素，这样按照元素周期表依次燃烧下去。但是，氦这个东西也许不安定。"

"不安定？什么意思？"

"有一个叫做'氦闪'（helium flash）的现象，氦一旦聚变燃烧，'嘭'地一下就爆发起来。所以，要安定持续地燃烧，氢元素还是十分必要的。总而言之，必须是由较轻的氢元素构成的星星，而且必须是体积足够大。"

太阳的燃料物质

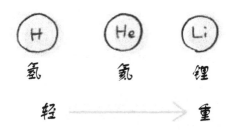

——嗯。所以太阳是由氢元素组成的大疙瘩啊。

"那么，氢元素烧完了就迎来了末日喽。"

"氢元素烧完了接着烧氦元素。实际上，已经有人计算过了恒星演化的步骤，这可是大学问。对恒星演化的预测已经完全建立起来了，包括直到最后爆炸怎么燃烧，有没有发生超新星爆炸，有各种各样的演化台本。也就是说，恒星拥有的燃料和重量等等全部都能算定。"

——恒星演化的预测！前面说起过宇宙进化论，是不是说，能够预测恒星的死法。

"可是，恒星最初诞生的时候，不就是氢元素的疙瘩块吗？难道还有其他各种各样的条件？"

"大致上是氢元素的疙瘩块，不过因星而异，也不是百分之百的氢元素。"

"是吗？"

216

"恒星和恒星之间，组成成分还是有所不同的，多少会含有别的物质。"

"那，地球的中心现在还是熔融状态，它是由什么玩意儿组成的呢？"

"地球的中心的地核是铁、镍，然后可能也有碳和氢。"

恒星的组成元素

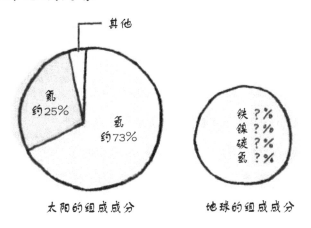

太阳的组成成分　　　　　　地球的组成成分

"碳元素？那，太阳系中各个行星的组成成分都是不一样的？"

"不一样哦。不过，这个问题现在真是不清楚啊。处在地球中心的地核的内核似乎是固体铁，外核是熔融的铁。不过，再往外到了地幔，还不清楚它到底是由哪些化学成分构成的。"

——那，水星、木星、金星、火星、土星、地球、天王星、海王星——冥王星已经从太阳系的行星系列中开除了——不管它，总之太阳系中的所有行星各自的组成成分多少有些不一样喽?

"为什么搞不清楚呢？"

"你看啊，钻探调查相当困难啊。"

"能钻多深？"

"1993年国际深海钻探计划（ODP）钻到海底2111米，这是到目前为止的最深记录。"

"只能钻到两千来米啊。"

"是啊，可是地球光是地壳就有30千米呢！"

"到地心是多少千米呢？"

"大约6370千米。"

"太阳系的行星都与太阳有血缘关系，对吧？"

搞不清楚地球构造的原因

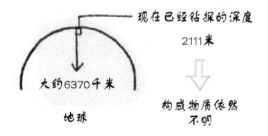

"的确与太阳有血缘关系，化学组分非常相似，但是太阳漩涡中，易于在中心聚集的物质和易于在外围聚集的物质是不同的。"

"是这样啊。所以每个行星的成分多少有些不同也不奇怪。"

——就像人各有个性，星星也是各有个性的。这挺有意思。

嗯——还想再喝点酒……今天准备实行计划，喝醉了恐怕坏事。

那就不喝日本酒，来点别的吧。像饮料那样甜兮兮的玩意儿可不行。这个，这个，老板，给我一瓶葡萄酒。

"少见，少见，怎么，不喝日本酒啦？"

"今儿个想尝尝别的。"

"老板！我们也再点些东西。"那位外甥举手招呼店老板。

"姜汁和炒乌冬面。还有，什么来着？鸡蛋卷！"

——直接就点饮料，而且又是炒乌冬面。看来是好这口哇。

"怎么啦，今儿个怎么喝不动了？"

"昨天也喝了一场。只能喝到这个程度了，本来就不太能喝嘛。"

"是吗？每周都来这喝，我一直以为你特好酒呢！"

④ 鸟生活在四原色的世界里

"说到天体的话题，可以看出科学家的个性，不是吗？你看，有的科学家专攻宇宙大爆炸，有的科学家和这个却一点关系也没有，对吧？"

"是啊，恒星、行星的研究领域实在太广了，有的人只是一门心思观测恒星，有的人则想方设法试图搞清楚恒星的内部成分结构。还有的人根本不关心什么恒星而专注于银河，有的人甚至压根不关心什么银河而只对宇宙整体感兴趣。"

——是吗？各种各样的。说起宇宙，我还以为只要是宇宙里的东西什么都研究呢。

"想一想，这还真是有意思。"

"我做宇宙论研究的时候，也经常有人问我，你是不是每天都做天文观测啊。我可没有做过天文观测。迄今为止一次天文观测也没有做过的宇宙论学者比比皆是。"

各种各样的科学家

 "真的吗？！没有观测过宇宙的宇宙论学者？！"

——有这么回事吗？那，这样的学者不看夜空，而是光盯着计算机吧？

 "反过来，每天进行天文观测，而对爱因斯坦方程式一无所知的学者也大有人在。"

 "哈哈，哈哈。虽说都叫科学家，但实际上彼此做的事情完全不同。"

 "是不同啊。喜欢数学的科学家，喜欢观测的科学家，喜欢实验的科学家，还有喜欢夜晚的科学家，喜欢计算机模拟计算的科学家，真是形形色色，类型众多。"

——说的是啊。科学家里面，也有各式各样的人呐。仔细想想，还有什么地质学家、生物学家等等研究不同的学科领域呢。

人类的祖先分辨几种原色？

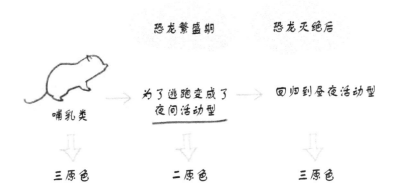

 "这就是人的各式各样。有的人是夜猫子，有的人是一大早精神。说起来的话，人好像不是夜间活动型动物呀，是夜间活动型？"

——人类基本上都是白天活动的嘛。不是常说，变成夜猫子的话有损健康吗？

 "这就有点微妙了。首先，先前人类还只是很小哺乳类的时候，曾经是夜间活动型，因为必须要见到恐龙就跑。但是，恐龙灭绝以后，不必担心被恐龙吃掉了，白天也出来活动。夜间活动型的特征特别体现在视觉上，由于没有分辨颜色的必要，能区分二原色足矣。"

 "原来如此。"

——啊？我们的祖先原来是夜间活动型动物呀。说到二原色动物，猫、狗好像是二原色动物。要说它们是什么类型，就是夜间活动型动物。

"恐龙的子孙是鸟，鸟生活在四原色的世界里。之所以这么说，是因为鸟除了能看见人类可以看见的三原色之外，还可以分辨出紫外线。猫、狗等具有夜间活动型的特征，是二原色。哺乳类的祖先和昆虫类的祖先处在同一时期的时候曾经都是四原色。"

——四原色？三原色是红、蓝、黄吧，啊，这是图画颜料啊。光的三原色是……红和……想不起来了。鸟除此之外还能有一种原色？那可以看到多少种颜色呢？

"你是说还能够分辨出紫外线？"

——鸟类能分辨紫外线？真的吗？

"鸟类的眼睛里长着能够分辨紫外线的器官。但是在恐龙一家独大的时期，我们的祖先很小很弱，白天不能出来活动，变成了夜间活动型动物，没有必要分辨太多的颜色。因此那个识别紫外线的器官退化，变成了二原色。可是后来巨大陨石撞击地球导致恐龙的灭绝，而哺乳类的祖先幸运地生存下来，开始能够在白天活动了。如此一来，又能分辨其他一些不同波长的光，回归到三原色。但是，这是突然变异的结果，尽管是三原色，但仍然不是完全的三原色。"

——不完全的三原色……我连到底什么是三原色都搞不清楚，这个不完全的三原色，我就更不明白了。

人类的祖先能辨别几种原色

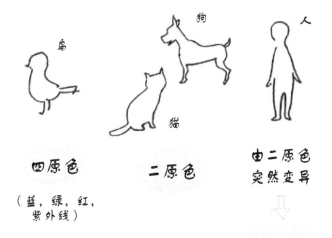

"那，鸟类现在还是四原色吗？"

"鸟类晚上眼睛看不见东西，有'鸟眼'这个俗语，对不？就是说鸟类现在还是四原色。"

"没有光什么也看不见的呀。"

"是的，因为它的眼睛是四原色的。鸟类眼睛里的世界和我们人类所见的世界是不同的，比我们所能看到的信息更丰富。从鸟类的角度来说的话，在视觉信息收集能力上我们人类可是差远了。"

——是吗？鸟类所看到的世界会是什么样一种感觉呢？也许比我们所看到的世界更鲜艳、更灿烂吧。

"不就是我们看不见紫外线嘛。说到这个色彩的理论，三原色合到一起就变成白色，对吧。这要是在加上紫外线会是什么样呢？能看到什么不同的东西吗？"

"会是什么颜色，我真的不知道。这是一个被称为质感（qualia）问题的问题，谁也无法知道鸟类到底是什么样一种实际感觉。"

"对，对，脑科学所说的质感问题。"

——质感问题，是什么玩意儿？

"这个问题，就算同为人，彼此也是无法知道的。我说是红的，但是其他的人看来是不是红色就很难说了。这就是所谓的质感问题。色彩特别有意思，比如这是一张用黄色和绿色画的画，这个黄色有纯黄色和假黄色。那好，为什么人的眼睛区分不出来呢？所谓的纯黄色，就是纯粹的单一波长的黄色，但是红色和绿色两种波长的光混在一起的话，看上去是黄色的，被错当成黄色了。"

"真的假的分不清楚吗？"

"是的，光的三原色在某种意义上是假象。红色和绿色的波长即使混在一起也不会变成黄色光的波长，仅仅是红色和绿色两种电磁波同时存在而已。但是，它们同时进入到人眼，人眼产生错觉当成是黄色的。"

"是这样的啊，实际看到的并非是黄色的电磁波。"

——质感？质感啊？！质感这个词，通常不是用于说明某个东西是软软的还是硬硬的吗？

颜色与波长

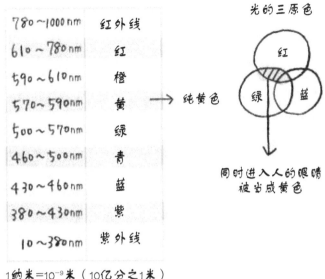

波长	颜色
780~1000nm	红外线
610~780nm	红
590~610nm	橙
570~590nm	黄 → 纯黄色
500~570nm	绿
460~500nm	青
430~460nm	蓝
380~430nm	紫
10~380nm	紫外线

光的三原色

红
绿 蓝
同时进入人的眼睛
被当成黄色

1纳米=10^{-9}米（10亿分之1米）

——这个？黄色有纯黄色和假黄色？有正经八百的黄色波长的电磁波，也有红色和绿色波长混在一起看上去是黄色的，人的眼睛无法区分这两种黄色？嗯——，可能是因为不知道纯粹的黄色是什么样的吧。

"图画颜料的调色，某种意义上讲是色盲。假如某个星球上有能够分辨七原色的宇宙人，这个宇宙人看了地球上的绘画恐怕会惊讶：这是什么呀？因为这个宇宙人能够分辨出黄色、红色和绿色在一块，他看上去可不是黄色了，而仅仅是红色和绿色混在一起而已。"

"在他看来就是各种各样的原色，简直就像是抽象画或者是小孩子胡乱的涂鸦。"

"也许是这样的感觉吧。电视利用三原色来表现出来丰富的色彩，只能'骗'人。那只是红、绿、蓝三种色彩，在物理上没有任何的变化，而人眼却自做多情'看'到很多的颜色。"

——啊，光的三原色是红、绿、蓝呐。

"印刷出来的颜色还要经过人的眼睛调整。也就是说，实际看到的颜色是因人而异的，是这样吗？"

"不，人与人之间实际看到的颜色有一些微妙的差异，但是每个人的差别不至于那么大。在数值上有一个标准值，人究竟还是具有学习能力的。"

"红色，100%的红色，有标准色标，我们通常这么做。假如有分辨三原色的眼睛和分辨七原色的眼睛，这么说，是不是我们常说的图像dot（像素）的问题，也就是说，三原色的话，就要三个dot，七原色的话就需要七个dot，对吧？"

"是的。"

"色彩的分辨率就会更好啊。"

——dot，那像昆虫的复眼会是怎样的一种情形呢？那眼睛看上去是由无数的dot集聚而成的。

"所以，鸟类所看到的世界是什么样的，这是非常有趣的事情。仔细想想，反过来，猫的眼睛所看到的世界又是什么样的呢？这也是很有趣的问题。人们总是以为我们所看到的世界和其他动物所看到的世界是一样的，但是实际上完全不同的。"

"这是因为人类本来就不是什么谦虚的动物。"

三原色与七原色的差异

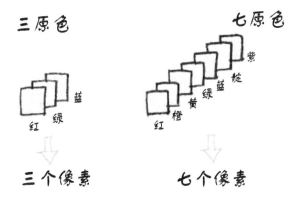

三原色　　　　　　　　　七原色

三个像素　　　　　　七个像素

→ 分辨率不同

"是啊，人都退化到了二原色了，托突然变异的福，稍微恢复了一点三原色的感觉，就自诩为万物灵长。"

"就是，不过，这也很有意思。"

"这个问题正好是物理学和生物学的交叉地带，只用物理无法完全解释，同样只从生物学的角度也无法完全解释，这是一个很有意思的研究领域。"

——这样的啊。跨越两个学科的研究领域呐。做这种跨学科研究的人当然也是大有人在啊。

"学生时代，在美术课上，讲那个色彩三要素——亮度、色度、色感的立体模型，你应该见过吧？"

"见过，见过。"

——那位外甥嘴里一边嚼着炒乌冬面一边回答。那个玩意儿，我也好像见过。形状怪怪的、带着颜色渐变梯度的那个玩意儿。

227

"那个东西作为颜色的学问是成立的。如果空间四维的话，颜色立体就似乎没有意义了。"

 "那个东西是在三维空间表现颜色，对吧？"

 "是的，从黑到白的亮度是垂直轴，色度、鲜艳度是向外伸的，色相是圆形的，其中有光的三原色和颜料的三原色以及中间六色总共12个色环。"

色彩立体

 "所以说那是三维的立体图，从鸟类的角度来看，应该还有一个维度。"

 "那个第四维在哪？是什么样的？"

——那个怪怪的颜色立体模型，要再加入一个原色的话，好像没有地方可加吧。

"人类无法想象鸟类的世界，真的不清楚啊。"

"说到维度，我们常说二维、三维。有没有十多维那样的世界呢？"

——十多维的世界……《超弦理论》那本书里好像解释了十一维是什么样的，但是我一点也没看懂。

"我认为有。因为说到底，所谓的维度就是空间的扩展特性。"

"扩展，是什么意思？是指方向吗？"

"是指具有方向。"

"我老有一种感觉，维度是经常出现的话题，比如一维、二维，感觉还能理解，可是到了四维以上，就想象不出到底是个什么样的世界了。"

——你要能想象出来，你不就是天才了吗！？或者说，你就不是人了！

"这个呀，就连专门研究物理学的人也是想象不出具体的印象的。为什么呢？因为人的大脑能够想象的图像最多也就是三维的。到了四维以上，就要根据三维的情形类推。比方说，从二维的基础上推测三维可能是这样，那从三维的基础上就可以推测四维应该是这样，如此依次类推下去。"

"原来是这样的呀，到底还是无法想象出一个图像的啊。"

——可能是哦。说起类推，我也根本不会。

唉，刚才喝这个葡萄酒真是大错特错啊。老板，还是给我一壶"浦霞"吧，外加一份醋拌海参。

维度的增减有可能吗

切一片
就成了二维的物体

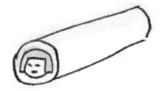

三维的物体

⇨ 维度可以减少
⇨ 维度应该也能增加
⇨ 将四维图像化

 "这个到了十一维甚至以上的维度，简单地一般化，仅仅是语言表达上的维度，说到底，作为一般的图像而言只能到三维。"
 "可是，不能这样吗？我们不是可以想象三维的图像吗？那么把三维图像叠加起来不就可以增加维数嘛。"

——三维加三维等于六维？不行！无法想象。

 "把金太郎棒糖切片，得到的一张金太郎的面，像这样切三维立体得到二维的物体。同理，如果切四维物体，就得到三维的物体，大致可以这样类推下去。"

——这就是说，我们把三维复原成四维的话……就可以看到四维世界，是这样吗？

"是这样啊。"

"金太郎的图像有点小。假如有一个巨大的四维物体，这个物体恰当地放置在某个角度，让我们看起来就好像是三维的。还有一种办法，就是把别的维度掩盖起来不予考虑。比如看一个平面的时候，我们只看一个方向——竖的方向，而忽视横的方向，这样我们就只看到一个方向的延展情况。同理，就算是十一维，我们可以从中只抽出三维来考虑，然后画出关于这三维的立体图像。比如我们把第三、第四维以及第七维抽出来画成三维立体图，就大致能够想象十一维是个什么样子。"

"这个有人能做到？"

——把第三、第四维以及第七维抽出来？画成三维立体图？到底会是一张怎样的图呢？

不过，切一片金太郎棒糖，从三维立体中切出一片二维的金太郎平面头像。海参中间来一刀的话就会出现一个空洞。三维的海参的身体上还有一个延伸的方向。当然，是因为去掉了内脏才出现空洞。

"我想有人能做到。空间想象力非常优秀的人应该是能做到的。"

——真的有这样的人？能够感觉出四维空间的人？

"不过呢，科幻小说中提到过所谓'平行世界'。某个时候一个小孩在公园里被暖融融的阳光诱导变得迷迷糊糊。可是清醒之后回到家中，家还是那个家，父母还是自己的父母，理所当然觉得自己回到了自己的家。可是，回到那个家的却是另外一个孩子。也就是，这个孩子进入了另外的空间。在科学的世界里会发生这样的事情吗？"

存在平行世界吗？

无数个无限的宇宙 ⇒ 无数个无限的世界

与日常世界大不一样的世界

在理论上是可能的 ⇒ 平行世界

——是不是漫画看多了？如果真有这样的事情发生，那可太恐怖了。

 "所谓平行世界，就是说存在无数的彼此略有不同的宇宙。从这个理论上来讲是有可能的。"

 "世界不相同？这样的事情可能吗？"

——可能吗！？

 "我认为是可能的。你看啊，存在无数的无限宇宙，对吧。那，就你自己一个人遇到不同寻常的事情，或者有的宇宙中没有你这个人，我觉得这都不奇怪。或者说，仅有一只蚂蚁的宇宙也是有可能的，因为存在无数的宇宙嘛。但是，我们不知道进入平行世界的方法，无法检验确认这个理论。"

 "受伤失去知觉的时候，喝醉了在电车里打瞌睡的时候，说不定这样的时候正是通往平行世界的大门敞开的时候。"

 "也许是哦。一不小心要是进去了可就麻烦喽。"

——不是麻烦的问题……太恐怖了。与其说这是科幻片，不如说这是恐怖片。

 "说不定有人修炼出了能进入平行世界的法术呢。"

 "能在平行世界里自由进出的人？假如说有那么一个制造了无数宇宙的实验室的话，那么这个人就是掌控这个实验的人。这个人可真就应该被称为神仙了，不是吗？"

 "说到底，还真是只有神仙才能做到吧。"

——说到这，两个人乐得哈哈笑。

……现在，过去吗？不，还是再等一会？可是，等人家说要回家了不就给人添麻烦了吗？最好现在。

"不好意思，打扰一下。"

我从座位上站了起来正对着他们二位。也许是因为我这个在旁边一直一言不发的男人突然起身说话，他们二位大吃一惊，神情愕然。

"什——么事？"

科学记者、喜欢猫的科普作家——竹内薰，满脸疑惑地回答了一句。

"冒昧打扰，非常抱歉，这是我的名片。你们二位聊的话题，我想整理成书。希望能够就出书的事情和二位商量商量。"

我一边说一边深鞠一躬递上名片。

> Softbank creative股份公司
> 第一营业总部
>
> **益田　贤治**

后　记

　　在前言中已经说起过，小时候，一到夏天，章夫舅舅就带着我和妹妹到江岛帆船码头边的25米泳池去游泳。章夫舅舅擅长体育运动，在镰仓高中读书的时候，不仅在网球俱乐部参加正式比赛，而且还频繁地参加游泳俱乐部的比赛。

　　章夫舅舅教了我自由泳的换气方法和转身方法，后来甚至训练我蝶泳。我呢，也许是生来就没有运动神经，到最后也没有学会游泳，也就是下到水里不至于被淹死的水平。假如章夫舅舅没有教过我的话，我可能现在还是个"旱鸭子"。

　　而和我一起学游泳的妹妹，也许是因为从婴儿期就开始学的缘故吧，掌握了游泳的绝对的运动感和超强的节奏感，很快就超过了我这个哥哥。还有，妹妹弹钢琴的水平让我很是嫉妒，我练钢琴也只练到拜耳教程的程度就作罢了。

　　不知何故，我在身体协调方面似乎少了根筋。于是乎，经常遨游在空想的世界里。一不留神，就深深地涉入了理论物理、科学哲学这样一些远离尘世的以脑制胜的学问中。

　　现在作为一位喜欢猫的科普作家，每天爬格子。尽管都是作家，可是远远赶不上作为广告作家的章夫舅舅那样受欢迎。要说原因，因为他们可是专业作家。

　　我想用这本书作为对章夫舅舅小时候教我游泳的感谢。这本书中对一些科学疑问做了一些回答，当然是我个人理解上的回答。实际上这是根据和章夫舅舅一起吃晚饭的时候聊天的录音整理的。在暖融融的气氛中边吃晚饭边聊科学，我觉得这样不至于像正经八百地讲经布道一样，让人觉得莫名奇妙。

特别要说明的是，书中那个"益田"的自言自语，是我开办的"文章俱乐部"里的学生滕田kaori修改的。还有，关于科学方面的东西，我担心自己口出纰漏，于是请横滨国立大学研究生院的金子雄太先生进行了审阅。（即便如此，书中的错误以及容易引起误解的说法，全部是我的责任。）感谢益田贤治先生从策划一直到印刷成书的整个过程中的精心工作。

对一直把这本书读到最后的每位读者深表感谢！

竹内　薫
眺望横滨陆标塔夜景之际随笔

《 参 考 文 献 》

『よくわかる最新時間論の基本と仕組み』　竹内 薫
（秀和システム　2006年 ）

『よくわかる最新宇宙論の基本と仕組み』　竹内 薫
（秀和システム　2005年 ）

『 宇宙のシナリオとアインシュタイン
方程式 』　竹内 薫
（工学社、2003年 ）

『 超ひも理論とはなにか 』　竹内 薫
（講談社、2004年 ）

『 次元の秘密 』　竹内 薫
（工学社、2005年 ）

『 ガイアの復讐 』　ジェームズ・ラブロック
（中央公論新書、2006年 ）

『 世界の名著31　ニュートン 』　ニュートン　河辺六男訳
（中央公論新社、1979年 ）

『 ファインマン物理学Ⅰ 』　ファインマン
（岩波書店、1986年 ）

鳥が見る「世界」（日経サイエンス）　http://www.nikkei-bookdirect.com/
science/page/magazine/0610/bird.html

最小作用の原理（インタラクティブ）　http://www.eftaylor.com/software/
ActionApplets/LeastAction.html

宇宙図（科学技術週間）　http://www.nao.ac.jp/study/uchuzu/

原子力と風力と太陽光発電の比較　http://www.enecho.meti.go.jp/e-ene/
pr-room/pr-siryo/fuelcycle/fuelcycle_02.html

素粒子から宇宙までのわかりやすい解説　http://www.kek.jp/kids/class/
（高エネルギー研究所）